职场达人炼成记

吴刚 / 编著

人人都能学会的 **Photoshop** 办公设计技巧

U0247704

人 民 邮 电 出 版 社

北 京

图书在版编目（CIP）数据

PS职场达人炼成记：人人都能学会的Photoshop办公
设计技巧 / 吴刚编著. -- 北京：人民邮电出版社，
2022.8
 ISBN 978-7-115-59381-8

Ⅰ．①P… Ⅱ．①吴… Ⅲ．①图像处理软件 Ⅳ．
①TP391.413

中国版本图书馆CIP数据核字(2022)第121066号

内 容 提 要

这是一本以 Photoshop 技能训练和学习为主的软件应用型教程。

本书共 8 章，第 1 章主要讲解 Photoshop 的核心功能；第 2 章讲解 Photoshop 在工作计划中的应用方法
与技巧；第 3 章讲解 Photoshop 在工作汇报中的应用方法与技巧；第 4 章讲解 Photoshop 在商业计划书中的
应用方法与技巧；第 5 章讲解 Photoshop 在求职简历中的应用方法与技巧；第 6 章讲解 Photoshop 在公众号
运营中的应用方法与技巧；第 7 章讲解 Photoshop 在职场朋友圈中的应用方法与技巧；第 8 章基于"职场
Photoshop"这个话题，对素材下载、配色参考、字体设计及拓展应用、快捷键等内容进行延伸介绍与讲解，
旨在尽可能使本书内容更丰富、实用。

本书结构合理，讲解步骤清晰，内容实用性强，特别适合职场新人和自由职业者参考学习。希望广大
读者通过学习本书，能够轻松且快速地掌握 Photoshop 应用方法与技巧，争取成为 Photoshop 应用达人。

◆ 编　著　吴　刚
　责任编辑　张玉兰
　责任印制　马振武

◆ 人民邮电出版社出版发行　　北京市丰台区成寿寺路 11 号
　邮编　100164　　电子邮件　315@ptpress.com.cn
　网址　http://www.ptpress.com.cn
北京瑞禾彩色印刷有限公司印刷

◆ 开本：787×1092　1/20
　印张：8.4　　　　　　　　2022 年 8 月第 1 版
　字数：332 千字　　　　　　2022 年 8 月北京第 1 次印刷

定价：59.80 元

读者服务热线：(010)81055410　印装质量热线：(010)81055316
反盗版热线：(010)81055315
广告经营许可证：京东市监广登字 20170147 号

羡慕别人干活高效、利索，早早就下班，而自己的工作却堆积如山，时间总消耗在烦琐的修图或者文案排版上。百度搜索N遍，依然找不到能够解决这些问题的方法。找朋友帮忙解决工作难题，一两次可以，多找几次就会感到难为情。

工作有方法，提高效率有捷径。本书从Photoshop能力训练入手，带你了解并掌握使用此软件解决一些常见工作问题的方法。本书主要从以下3个维度展开讲解。

六大应用场景：根据实际情况，本书从工作计划、工作汇报、商业计划书、求职简历、公众号运营、职场朋友圈六大应用场景出发，有针对性地介绍相应问题的解决方法。

三大核心技能：针对Photoshop在职场中的运用，提炼出图像处理、排版、设计三大核心技能。本书关于Photoshop的实际应用操作都将围绕这三大核心技能进行讲解。

多种操作技术：不同的核心技能会涉及不同的Photoshop操作技术。针对图像处理，涉及抠图、美白、修形、修瑕、替换等技术；针对排版，涉及纯文字排版、装饰排版、图文结合排版等，此外还具体讲解了对齐、层次化、分栏分组化等多种排版技术；针对设计，涉及模板套用设计、元素借用设计、纯原创设计等，此外还具体讲解了版面构图、蒙版合成、混合模式设置、图标制作、图表制作、图形元素制作、帧动画制作等多种设计技术。

本书具有以下三大优势。

1.学习针对性和目的性强。本书侧重于以Photoshop为工具，助力职场人士解决工作难题、提高工作效率。

2.内容简单易懂且实用性强。在案例选择和步骤讲解方面，本书特别考虑职场人士的接受能力及实际需求，避免出现学过了不会，或者学完了用不上的情况；在内容铺设和呈现形式方面，以图解为主、文字分析为辅，内容直观且易理解。

3.学习路径闭环化。在结构安排上，将内容模块化，案例部分按照"学前了解→学习过程详解→学后练习"的顺序进行阶段式、流程式教学；在内容安排上，针对同一类型的问题，强调给出思路、方法和应用扩展，方便读者触类旁通、举一反三。

资源与支持

本书由"数艺设"出品，"数艺设"社区平台（www.shuyishe.com）为您提供后续服务。

附赠资源

全书设计源文件及素材文件。

资源获取请扫码

"数艺设"社区平台 为艺术设计从业者提供专业的教育产品。

与我们联系

我们的联系邮箱是 szys@ptpress.com.cn。如果您对本书有任何疑问或建议，请您发邮件给我们，并请在邮件标题中注明本书书名及ISBN，以便我们更高效地做出反馈。

如果您有兴趣出版图书、录制教学课程，或者参与技术审校等工作，可以发邮件给我们。如果学校、培训机构或企业想批量购买本书或"数艺设"出版的其他图书，也可以发邮件联系我们。

如果您在网上发现针对"数艺设"出品图书的各种形式的盗版行为，包括对图书全部或部分内容的非授权传播，请您将怀疑有侵权行为的链接通过邮件发给我们。您的这一举动是对作者权益的保护，也是我们持续为您提供有价值的内容的动力之源。

关于"数艺设"

人民邮电出版社有限公司旗下品牌"数艺设"，专注于专业艺术设计类图书出版，为艺术设计从业者提供专业的图书、视频电子书、课程等教育产品。出版领域涉及平面、三维、影视、摄影与后期等数字艺术门类，字体设计、品牌设计、色彩设计等设计理论与应用门类，UI设计、电商设计、新媒体设计、游戏设计、交互设计、原型设计等互联网设计门类，环艺设计手绘、插画设计手绘、工业设计手绘等设计手绘门类。更多服务请访问"数艺设"社区平台www.shuyishe.com。我们将提供及时、准确、专业的学习服务。

CONTENTS ——————— 目录

01

第 1 章

**干货速记
Photoshop
核心功能介绍**...............**009**

02

第 2 章

**Photoshop之
工作计划
应用方法与技巧**............**029**

03

第 3 章

Photoshop之
工作汇报
应用方法与技巧

04

第 4 章

Photoshop之
商业计划书
应用方法与技巧

05

第 5 章

Photoshop之
求职简历
应用方法与技巧

06

第 6 章

Photoshop之
公众号运营
应用方法与技巧

07

第 7 章

Photoshop之
职场朋友圈
应用方法与技巧............107

08

第 8 章

职场设计杂识..............127

第 1 章

干货速记

Photoshop
核心功能介绍

- · 抠图的多种方法
- · 去除水印
- · 修改图片中的文字
- · 调整横图、斜图
- · 修改图片尺寸
- · 更换照片背景

CHAPTER 01

抠图的多种方法

概念解析

抠图是用Photoshop进行图像处理时的常用操作之一，是图像后期处理（包括合成在内）的基础。

抠图与合成是相辅相成的，抠图的主要目的是为后期合成做准备。针对不同的抠图场景需要，Photoshop设置了不同的抠图工具及功能。选择合适的工具或功能进行抠图，可以大大提高工作效率，提升图像合成质量。

方法

◎ "魔棒工具" 常用于分界线比较明显的图像抠取处理。

◎ "快速选择工具" 是利用色彩的连续性算法，快速将大块面的同类颜色从背景中抠取出来，适用于同类颜色色块相对集中的图像抠取。

◎ "钢笔工具" 主要通过绘制路径对图像进行高精度的抠取。

◎ 针对颜色变化细腻的对象，可通过选择并编辑合适通道的方法完成抠图。

要点

◎ 抠图时要养成先将图像放大显示再进行操作的习惯，务必注重抠图细节，保证抠图质量。

◎ Photoshop自动生成选区的特点决定了选区的不准确性。因此需要对抠好的图片进行适当调整，避免出现杂边等多余的内容。

◎ 抠图的质量需要根据合成的效果进行判定。抠出的图像合成之前看起来质量再好，也难免合成的效果不理想，此时要根据合成的效果做出调整。

抠图的应用场景如下。

搞怪

对比

合成

应用技巧

抠图一般针对图像中存在明确的抠取对象的情况。边界清晰的抠取对象较好处理。

实际操作时，要根据需要选择合适的抠图工具或功能。

抠图要有耐心，以保证抠取效果。

▶ "魔棒工具" 常用于分界线比较明显的图像抠取处理。

01 以抠取右图中的人像为例。首先在工具栏中选择"魔棒工具"，然后在画面空白处单击，形成一部分选区。

» "魔棒工具"通过选择与取样点颜色和明度相近的区域形成连续选区，所选择的颜色和明度的近似值是由"魔棒工具"属性栏中的"容差"控制的。如果局部区域未被选区覆盖，按住Shift键的同时单击所需区域，即可添加选区。如果选中了不需要的区域，按住Alt键的同时单击该区域，即可减去选区。

选中后图片上会出现"蚂蚁线"

注意选区边界是否侵入对象内部

02 待背景全部被选中，按快捷键Shift+Ctrl+I反选，然后按快捷键Ctrl+J原位复制，以生成新的图层，形成透底图。拖曳透底图至背景素材的合适位置，完成人像与背景的合成。

» 要保证抠取的对象与背景素材调性一致。

▶ "快速选择工具" 常用于视觉效果相对复杂的图像抠取处理。

01 以抠取下图中的宇航员为例。选择"快速选择工具"，单击宇航员并沿身体拖曳鼠标，可以选中明度一致的区域并生成连续选区。选中整个对象后，反选并按Delete键删除背景。

» 选择"快速选择工具"，鼠标指针会变成一个圆形笔头，可以通过按英文状态下的左、右中括号键"["、"]"快速调整笔头的大小。按住Shift键的同时单击图片，可以添加选区；按住Alt键的同时单击图片，可以减去选区。

确定抠取对象，选择合适工具

从局部到整体，生成选区

删除背景，以形成透底图

02 打开背景图文件，将抠取的宇航员拖曳到背景图中。此时发现，宇航员有白边，需要进一步修正。按住Ctrl键并单击"宇航员"图层的缩览图，调出选区，然后执行"选择>修改>收缩"命令，并设置合适的参数以收缩选区。

» 通过设置合适的收缩量，可以收缩选区。如需扩展选区，执行"选择>修改>扩展"命令，并设置合适的参数即可。

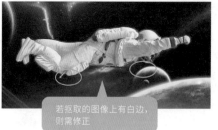

若抠取的图像上有白边，则需修正

按住Ctrl键并单击图层的缩览图

03 按快捷键Shift+Ctrl+I反选选区，按Delete键删除不需要的部分，完成抠图操作。

» 合成时注意对象和背景的排版，使画面具有美感。

反选选区并删除白边

原始图片

合成效果

▶ **"钢笔工具"** 🖊常用于有明确边界的对象图像抠取处理。

01 以抠取下图中的啤酒瓶为例。首先在工具栏中选择"钢笔工具"🖊，调整绘制模式为"路径"，然后沿图像边缘在其内侧1~2个像素处定位锚点并开始抠图。遇到曲线边缘时，确定下一个锚点后不要释放鼠标，继续拖曳手柄，形成曲线路径。

» 开始抠图时，要确定好起始点的位置，以便最后闭合路径。将钢笔锚点定位在对象内侧1~2个像素处，这样可以避免将背景部分一同抠取，影响抠图质量。

选择"钢笔工具"🖊进行抠图

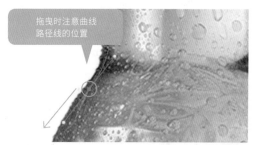

拖曳时注意曲线路径线的位置

02 绘制完一条曲线路径线，按住Alt键并在刚绘制完成的锚点上单击，以删除多余手柄，再继续绘制。

» 单击操作后，两个手柄中靠外侧的一个会被删除，之后才能进行下一段路径的定位。

按住Alt键单击锚点，删除多余手柄

若不删除多余手柄，后续绘制的路径线的角度和方向会受影响

03 按住Shift键绘制直线路径线。遇到直线路径线和曲线路径线交会时，要确保其方向一致，避免出现m形路径线。

» 绘制直线路径线时，无须定位太多锚点，保证直线路径线平直即可。

按住Shift键绘制直线路径线

避免出现m形路径线

04 绘制连续的曲线路径线组合成的大C形路径线时，要确保曲线路径线的整体方向一致，形态对称的对象两侧的锚点也要基本对称。

» 可在多次尝试后再确定锚点的位置，以达到精准贴合的效果。

确保形态对称的对象两侧的锚点基本对称

05 待路径将抠取对象基本围合，单击起点的锚点以闭合路径。然后按快捷键Ctrl+Enter，将闭合的路径转换为选区。按快捷键Ctrl+J进行原位复制，以生成透底图。最后通过拖曳或复制、粘贴的方式，将抠取出的对象合成到新背景上。

» 若抠取效果不够理想，可以连续按快捷键Ctrl+Z或Alt+Ctrl+Z退回到路径线状态，再选择"直接选择工具" ▶，进一步调整锚点位置及手柄的角度和方向，直至效果令人满意。与本章前面讲到的"魔棒工具" ✦、"快速选择工具" ✦不同，使用"钢笔工具" ✐抠图时，只需要二次调整钢笔锚点即可调整选区。

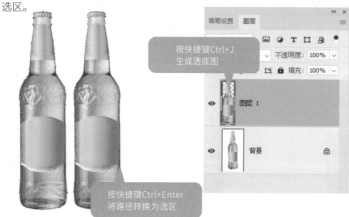

按快捷键Ctrl+J
生成透底图

按快捷键Ctrl+Enter
将路径转换为选区

▶ **"通道"功能多用于印章的抠取处理。**

01 以抠取下图中的印章为例。在Photoshop中打开印章图片，进入"通道"面板，可见"蓝"通道视觉效果较强，"红"通道视觉效果较弱。

» 单色通道存储的颜色越多，该通道显示的颜色就越亮（白）；单色通道存储的颜色越少，该通道显示的颜色就越暗（黑）。

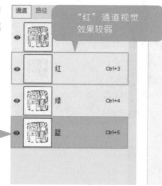

"红"通道视觉
效果较弱

"蓝"通道视觉
效果较强

02 拖曳"蓝"通道至"通道"面板底部的"创建新通道"按钮⊞上后释放鼠标，生成相应的拷贝通道。按快捷键 Ctrl+I对拷贝通道进行反选。

» 因对象的颜色为红色（R:255,G:0,B:0），"蓝"通道可清晰地显示印章的形态，故将"蓝"通道作为编辑通道。

03 选择"加深工具"，对印章四周的背景进行加深处理，使背景呈现为黑色（R:0,G:0,B:0）。完成上述操作后，按住Ctrl键的同时单击"蓝 拷贝"通道的缩览图，调出印章的选区。

» 之所以要用"加深工具"将背景调整为黑色，是因为抠取印章时所生成的选区只有在背景为黑色时才不会将印章和背景同时选取到，这样才能保证准确抠取印章。选择"加深工具"或"减淡工具"时，要尽可能避免触碰被抠取的对象，保留被抠取对象的原貌，这也是利用"通道"功能抠图的意义所在。

04 单击"RGB"通道，以显示素材所在的4个通道。按快捷键Ctrl+C复制该选区的内容，按快捷键Ctrl+V将抠取的印章粘贴到需要的素材上，完成操作。

» 单色通道抠图并非通过在原有素材基础上新建Alpha通道并编辑该通道生成选区来抠图，而是在素材自带的单色通道基础上进行二次编辑，达到精准抠图的目的。

传统印章通常应用于书画作品

去除水印

概念解析

水印是一种以鉴别文件真伪、保护版权等为目的而在图像中添加文字等信息的手段。

水印一般用以标示图片创建者的版权归属信息，但在设计中使用带有水印的图片会大大降低设计稿的品质。

在二次编辑和应用图片时，水印往往会影响视觉效果，需要先行去除。

方法

◎ 全面分析图像的水印效果，确定需要使用的去水印工具。

◎ "污点修复画笔工具" 可以智能辨别水印与原始图片的色彩关系，在水印处进行拖曳操作便可擦除水印。使用时注意调整笔刷的大小，要根据水印的实际形态进行灵活操作。

◎ "修补工具" 可以对图像中大面积的水印进行快速修补处理。

◎ 若图像中的水印集中在颜色分布较平均且颜色单一的背景上，可使用"羽化"功能对背景颜色进行填充修补处理。

要点

◎ 在使用下载的电子图片时，应先考虑图片的清晰度和适用性，再考虑水印问题。

◎ 结合不同类型图片水印的特点，根据素材需要，掌握不同图片修复工具的使用方法和操作步骤。

◎ 使用擦除水印的图片时，要避免侵权。

◎ 微调每一处细节，使图片去除水印后的视觉效果更自然。

◎ 修复图片后要及时存储，并根据实际需要进行抠图或合成，形成新作品。

去水印的操作步骤如下。

① 分析图片

2

选择工具

3

修改完善

应用技巧

去除水印实质上是置换底色。

实际操作时，要尽可能使用小笔刷进行修改，以取得精细的画面效果。

去水印后的图片边界要清晰，避免出现模糊的边缘。

▶ "污点修复画笔工具" ⊗用于水印与附近的色彩对比较鲜明的情况。

01 以去除右图中的水印为例。在工具栏中选择"污点修复画笔工具"⊗，根据水印的大小在属性栏中调整笔刷大小。

» 将图片在Photoshop中打开后，要先适当放大图片，确保水印清晰可见。

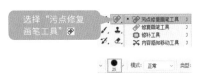

02 在水印上进行涂抹，水印即被去除。

» 笔刷大小与污点大小相当即可，切勿过大，以免影响修复效果。

修复后的图片效果

▶ "修补工具" ⊕用于需要处理的水印面积较大的情况。

01 以去除下图中的水印为例。选择"修补工具"⊕，并在需要修补的区域绘制选区。

选择"修补工具"⊕

再选择需要修补的区域

02 拖曳选区至与水印处底色相近的空白背景处，此时空白背景将作为拟修复水印区域的样本被填充到需要修补的区域。最后按快捷键Ctrl+D取消选区，完成对水印区域的修补。

» 通过修补前后效果的对比可以看到，选区附近未见明显的修补边缘，这是由该工具的自动羽化效果实现的。

▶ **"羽化"功能用于水印所在图片背景颜色比较单一的情况。**

01 以去除下图中的水印为例。选择"套索工具"⌀，在需要修补的区域绘制选区，然后在属性栏中设置"羽化"为"10像素"。

» 为了避免填充背景区域颜色时出现明显的色彩界线，需要在"套索工具"⌀的属性栏中设置一定的羽化值。

02 选择"吸管工具"✎，吸取水印附近的颜色至前景色，然后按快捷键Alt+Delete将该颜色填充到选区。按快捷键Ctrl+D取消选区，完成对水印区域的修补。

» 吸取的颜色要尽量贴近选区的颜色，否则填充后选区的颜色会明显区别于周围的颜色。

修改图片中的文字

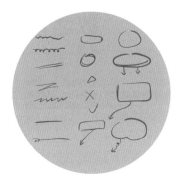

概念解析

职场中，有时会遇到需要直接修改图片中文字的情况，这时可利用Photoshop进行操作。

修改图片中的文字与去除水印有相同之处，需要注意的是替换的文字的字体要与原字体一致。

方法

◎ 在Photoshop中打开文件，选择合适的工具，修整需要修改文字的背景，确保背景清晰、干净，为进一步修改内容做好准备。

◎ 查找字体并使用合适的字体、字号替换原文字。

◎ 微调每一个细节，使图片视觉效果协调一致，并进行效果检查。

要点

◎ 职场中对文字修改结果的质量要求较高，因此扫描件需要有较高清晰度。

◎ 在文字修改与替换方面，修改面积不宜过大，也不宜过于细碎，以原文应用效果合适为宜。

◎ 进行文字修改和处理的文件背景必须清晰、干净，修改后的文字必须保证和原文字体、字号、颜色等一致。

图片中文字修改步骤如下。

① 删除文字　② 输入文字　③ 合成完善

应用技巧

拟修改的文字背景必须保证干净，以便修改。

实际操作时，要尽可能用高清的扫描件，以保证最终修改效果。

01 以将右图移动电话号码中的数字
"888888888" 替换为 "000000000"
为例。在Photoshop中打开要修改的名片
文件。

» 若要编辑名片中的文字，需要先得到清晰
的名片电子文件。

02 选择 "污点修复画笔工具" ，将名片中需要修
改的数字 "888888888" 拖曳到空白处，以进行
清除。

» 针对这种情况，"污点修复画
笔工具" 的使用非常方便和
快捷。

03 选择 "横排文字工具" **T**，在页面相应位置输入
数字 "000000000"。

» 注意输入的数字字体大小要与原数字一致，这里设置的
字体大小为 "16点"。

04 为使修改后的数字字体与名片中的
数字字体一致，可以对名片中已有
数字部分进行截图，然后上传到字体网站进
行搜索查询，以确认所对应的字体。

» 经查后发现该字体为 "苹方" 字体。

05 选中输入的数字，修改字体，并将其移至合适的位置。缩小画面显示比例，整体浏览修改后的效果。确认无误后再输出，并存储成文件以备使用。

» 除了字体类型和大小，还要根据实际情况留意检查字体颜色等是否合适。

调整横图、斜图

概念解析

　　职场中需要处理横图的情况有两种：一种是将横向的图片旋转成竖幅显示，另一种是将横幅的图片裁剪成竖幅的图片。

　　斜图一般是拍摄角度不理想导致的，照片通常都有一定的倾斜角度和透视效果。如需快速修正，可以使用Photoshop中的"透视裁剪工具" 圍。

方法

◎ 根据图片的情况，选择适当的工具进行相应调整。

◎ 对图片进行旋转、拉正等操作后，要根据实际需要检查效果。

◎ 微调每一个细节，使图片视觉效果协调一致，并进行效果检查。

要点

◎ 修正图片时，要根据图片本身需要修正的内容选择合适的工具，否则可能难以达到预期的修正效果。

◎ 要对修正后的图片进行效果检查，务必保证修正效果符合基本的审美需求和使用需要。

调整横图、斜图的应用场景如下。

①

文档上传

②

文稿交付

③

设计制图

应用技巧

　　拟调整的图片应达到一定的清晰度，以满足应用需要。

　　实际操作时，要尽可能选择合适的工具，以保证工作效率。

若要将底面朝右横向放置的竖图转正，可执行"图像＞图像旋转＞顺时针90度"命令，即可完成转正操作。

» 若图像为底面朝左横向放置的竖图，则执行"图像＞图像旋转＞逆时针90度"命令。

通过旋转将图片转正

若要将横图裁剪成竖图，可选择"裁剪工具"口，按竖图比例框选需要裁剪的区域，按Enter键完成操作。

» 选择"裁剪工具"口框选图片时，要注意被框选区域画面的构图是否合理。

通过裁剪将横图改为竖图

若要将斜图转成正图，可选择"标尺工具"，在图片上沿图倾斜的方向拖动直线，然后按"拉直图层"按钮，即可完成转正操作。

» 若图像拉直后四周出现空白边缘，影响画面的完整性，可选择"污点修复画笔工具"补齐图像边缘，或选择"裁剪工具"口将边缘裁掉。

在图片上沿图倾斜的方向拖动直线

确保画面四周修正效果完好

如果拍摄的照片素材存在倾斜或透视的情况，可选择"透视裁剪工具"，在需要修正的照片上拖曳出一个透视裁剪界定框。然后依据照片的透视角度拖曳透视裁剪界定框到合适的位置。

» 务必使透视裁剪界定框与照片素材的透视方向一致。

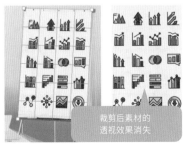

裁剪后素材的透视效果消失

修改图片尺寸

概念解析

职场中需要调整图片尺寸的场景非常多。比如，需要上传的图片往往对尺寸有一定的要求，这就需要使用Photoshop精确调整图片尺寸。

有特定尺寸要求的图片也需要通过Photoshop进行精确调整。比如，证件照在冲印前就要调整至相应的尺寸，这样才能输出特定尺寸的照片。

方法

◎ 明确图片需要调整的目标尺寸和单位。

◎ 在Photoshop中打开图片，在菜单栏中单击"图像"，执行"图像大小"命令，在打开的"图像大小"对话框中输入所需尺寸。对图片进行尺寸调整后，立即存储并检查所存储文件的尺寸参数。

◎ 通过自定义画布尺寸进行图片尺寸调整时，在设置"宽度"和"高度"数值的同时要注意设置相应的单位。

要点

◎ 职场中对图片尺寸等具体参数的要求较精确，因此要掌握使用Photoshop调整图片尺寸的要领。

◎ 根据不同图片的使用需求，可以采用不同的方法调整图片尺寸。

◎ 调整好尺寸的图片务必进行二次检查，确保其符合使用要求。

修改图片尺寸的应用场景如下。

精确制图

附件上传

照片冲印

应用技巧

拟调整的图片尺寸必须大于调整后的图片尺寸，以避免调整后图片失真。

实际操作时，要确保输入的尺寸参数正确。

调整图片尺寸时，要注意选择正确的单位。

S 数艺设｜诚意出品

PS 职场达人炼成记：

人人都能学会的 Photoshop 办公设计技巧

全书案例操作演示视频

免费大放送

吴刚大讲堂创始人、主讲老师 亲自录制

精准教学，触类旁通

近百个原素材与 PSD 源文件

数十个案例实操视频

完整的 PS 快捷键大全

领取方式

添加助教即可免费获取

解锁课程后，您能获得：

01
35 节案例实操演示课程

精心录制的高清课程视频，不同案例针对不同技巧，轻松掌握 PS 办公与设计技巧。

02
资源、素材分享

助教老师会不定期分享办公设计相关资源、素材，助力成为 PS 职场办公设计达人。

03
便捷的学习方式随想随学

数艺设在线平台上课，手机、iPad、电脑随想随上，不受终端限制！

快添加助教老师微信 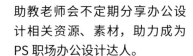 **0** 元

领取视频课程

一起解锁
PS 办公设计技巧
成为职场达人吧！

　　若要将图片改成一寸照片，可按快捷键Ctrl+N打开"新建文档"对话框，依照一寸照片的尺寸（2.5厘米×3.5厘米）输入"宽度"和"高度"参数。根据打印的清晰度要求，"分辨率"应设置为"300像素/英寸"。创建画布后，将需要调整的照片在Photoshop中打开，拖曳到画布中并调整至合适的位置。

» 将照片素材拖曳到指定的一寸照片大小的画布上后，为保证照片不被拉伸变形，需按住Shift键配合操作。

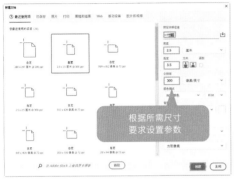

　　在Photoshop中打开照片，选择"裁剪工具"，并在其属性栏中将裁剪模式设置为"宽×高×分辨率"，依照一寸照片的尺寸（2.5厘米×3.5厘米）输入照片的宽度和高度，并将"分辨率"设置为"300像素/英寸"。此时照片上会形成一个固定尺寸的界定框。可通过移动该界定框对裁剪的照片进行构图，也可通过拖曳界定框的角点对画面取景角度进行微调。调整完成后按Enter键确定。执行"图像＞图像大小"命令，在弹出的"图像大小"对话框中可以看到，此时照片的尺寸及分辨率即为设定好的尺寸及分辨率。执行"编辑＞自由变换"命令，拖曳照片至一寸照片的效果即可。

» 调整结束后，通过查看"图像大小"可检查图片的尺寸是否正确。

💡 更换照片背景

概念解析

使用通道抠图的方法，从照片背景中抠取人像，并赋予人像新背景。

为保证人像与新背景合成的效果理想，需要在合成后对抠取的人像进行二次修复，使其与新背景相协调。

方法

◎ 分析抠图对象的特点，有针对性地选择相应的工具进行抠取。

◎ 将抠取的人像置入新背景中进行效果测试。

◎ 如果测试时遇到问题，须及时进行修改、调整。

要点

◎ 针对人像抠图中出现细碎头发的情况，要灵活掌握通道抠图的相关技巧。

◎ 更换照片背景的重点在于保证抠取的人像与新背景合成后的效果不违和，因此要特别注意抠取人像时的细节，确保人像头发不透明区域和半透明区域之间过渡自然。

◎ 将抠取的人像置入新背景中合成后，需要进行效果检查。

更换照片背景的应用场景如下。

海报设计

广告宣传

艺术写真

应用技巧

选择"钢笔工具" 🖊 抠取的人像边缘尽量保证干净。

实际操作时，要根据人像抠图的步骤有序进行抠取，以保证最终效果完好。

抠取的人像与新背景合成时，要注意构图。

01 将需要更换背景的人像素材在Photoshop中打开，对准备抠取的人像进行分析，并拷贝相应的颜色通道。

» 通过分析可见，需要将人物的面部、不透明的头发及半透明的头发从背景中分离出来。

02 选择"钢笔工具"，在"蓝 拷贝"通道抠取人物的面部及头发等部分，生成闭合路径线。按快捷键Ctrl+Enter 将其转换为选区并填充黑色（R:0,G:0,B:0），然后按快捷键Ctrl+D取消选区。

» 填充颜色时，将前景色设置为黑色（R:0,G:0,B:0），然后按快捷键Alt+Delete进行填充。

03 按快捷键Ctrl+I反选，选择"裁剪工具"裁剪画面，只保留人像部分。选择"加深工具"在背景处进行加深处理，选择"减淡工具"在不透明头发与半透明头发边缘处进行减淡处理，使边缘过渡柔和、自然。

» 选择"加深工具"处理背景时，注意不要破坏头发的细节。

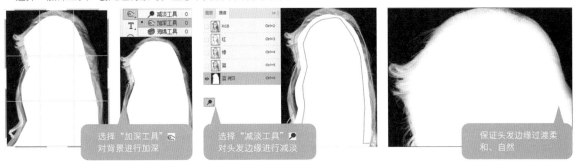

04 单击"RGB"通道以显示素材所在的4个通道,按住Ctrl键的同时单击"蓝 拷贝"通道的缩览图,调出人像的选区。按快捷键Ctrl+C复制该选区的内容,按快捷键Ctrl+V将其粘贴到新背景上。若头发边缘有泛白效果,可选择"加深工具" ,在泛白头发的边缘进行加深处理。可以进行多次涂抹,直到泛白区域的颜色与正常头发的颜色一致为止,具体操作时要根据画面实际效果做灵活调整。

» 将抠取的人像粘贴到新背景上后,可以按快捷键Ctrl+T调出自由变换框调整人像,以便合理安排构图。

调取"蓝 拷贝"通道的选区　　泛白效果需进行二次修正,以便与背景搭配　　选择"加深工具" 对头发边缘进行细节修正　　进行细节修正后的效果

任务发布

请完成相关练习。

1. 使用 Photoshop 对给定的素材进行抠图练习,并在不同背景中进行合成测试,确保抠图效果。

2. 对你同事的照片进行抠图,并合成到生日背景素材中,在同事生日当天发给 Ta 吧!

第 2 章

Photoshop 之
工作计划
应用方法与技巧

- 学前了解
- 巧用内容逻辑分组方法制作新书撰稿工作计划
- 巧用素材模板制作"双 11"电商团队运营计划
- 巧用图标元素制作售后服务承诺计划
- 巧用图表元素制作椰子味蛋白棒销售计划
- 巧用图形元素制作童书营销计划

CHAPTER 02

💡 学前了解

需求解析

在职场中，单纯用文字形式表现工作内容难免显得枯燥乏味。而图文并茂的形式则会让人眼前一亮，激发人的阅读兴趣，同时也能体现制作者的专业水平。一旦有图文结合的内容出现，就会涉及图与文之间的相互关系，即排版问题。合理、有效的排版将会使内容显得更专业。图文排版常见的应用场景包括有关工作计划的图文设计。

在职场中，企业或项目团队在进行对内宣传、工作动员时，需要适时且有针对性地通过内宣海报的形式，助力团队定目标、冲业绩。有较强激励性的内宣海报对工作非常重要，也需要良好的图文排版效果来呈现。

对于绝大多数工作计划，不仅需要自己心里清楚，还需要以工作汇报的形式让领导、同事，甚至是投资者清楚，并通过演讲展示的形式落地。而良好的展示效果便需要对工作计划的图文排版进行合理的设计。

图文设计

内宣海报

演讲展示

操作方法

◎制作工作计划前，可先有意识地组织并划分工作计划的内容，对后续图文排版效果有一个预期。

◎利用海报形式制作工作计划时，要尽可能配合使用绘图、抠图功能为作品添加图形、图像元素，或者使用素材模板，制作出图文并茂的海报形式的工作计划。

◎利用图表形式制作工作计划时，要对文字进行合理的层级划分，并利用对齐功能调整文字版式，再根据实际需求搭配图标等辅助元素，以活化版面，让图表形式的工作计划呈现应有的规范感、秩序感及专业感。

注意事项

◎进行工作计划排版设计前，需提前考虑并规划哪些文字内容可以图形化、图像化表现，方便后续更顺利、高效地进行内容的设计制作。

◎进行工作计划排版设计时，要注意元素的选取，避免排版效果过于呆板或花哨。

◎要控制整体节奏感，以符合人们的一般审美习惯。

巧用内容逻辑分组方法制作新书撰稿工作计划

在职场上，提前对需要完成的工作内容进行计划，能对之后的执行产生很大帮助。工作计划越专业，其指导性越强。

01 确定工作计划的内容，并将其分为几个部分。

» 确定计划名称，分点列出主标题、子标题等。

计划名称：3 月新书撰稿工作计划

1.确定新书选题
根据选题确定书名、大纲和目录

保证所述内容与标题一致

2.撰写图书内容
各章节标题与摘要、引用的数据与佐证、配图与案例

3.图书增值服务
供读者下载的数据资源、在线问答系统、视频的录制与上传

02 明确层级关系，补充细节，为可视化落地做准备。

» 厘清多级计划之间的主次、层级关系，补充计划的细节。

3 月新书撰稿工作计划

① **确定新书选题**
 • 根据选题确定书名、大纲和目录。

② **撰写图书内容**
 • 各章节标题与摘要、引用的数据与佐证、配图与案例。

③ **图书增值服务**
 • 供读者下载的数据资源、在线问答系统、视频的录制与上传。

为使工作图表更加专业，如有必要还需列出第3级内容，以体现工作计划的层次感

03 创建画布，开始制作工作计划图表。

» 打开"新建文档"对话框，将文档命名为"工作计划"，设置"宽度"为"3000像素"，"高度"为"2000像素"，"分辨率"为"72像素/英寸"，"颜色模式"为"CMYK颜色，8bit"，"背景内容"为"白色"。

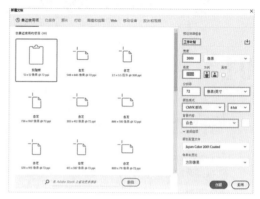

04 为工作计划图表添加名称，设置字体为"苹方，粗体"，对齐方式为"居中对齐文本"，字体颜色为蓝色（R:38，G:115，B:164）。

» 选择合适的字体，并使用合适的对齐方式。

选择合适的字体

选择"横排文字工具" **T** 为计划图表添加名称

自动生成文字层

将名称输入画布上方居中位置

05 选择"矩形工具"□，在属性栏中设置"填充"为蓝色（R:38,G:115,B:164）、"描边"为无，然后在画布中绘制出线条作为分隔条；选择"椭圆工具"○，保持属性栏的设置与绘制分隔条时一致，然后在画布中绘制出圆形作为分项标识。

» 这里可以使用多种形状工具为图表添加图形元素，尽可能使版面效果看起来更加丰富又富有设计感。

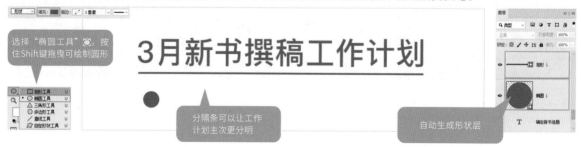

选择"椭圆工具"○，按住Shift键拖曳可绘制圆形

分隔条可以让工作计划主次更分明

自动生成形状层

06 选择"矩形工具"□，在画布中绘制出矩形，然后通过向内拖曳矩形4个角点中的任意一个角点附近的白点，即可将矩形的直角变成圆角，形成圆角矩形。绘制好圆角矩形后，在属性栏中设置"填充"为无颜色，"描边"为蓝色（R:38,G:115,B:164）、3像素、实线。选择"横排文字工具"**T**，在矩形内部输入文字即可。

» 为图表添加合适的边框，可以使版面更规整。

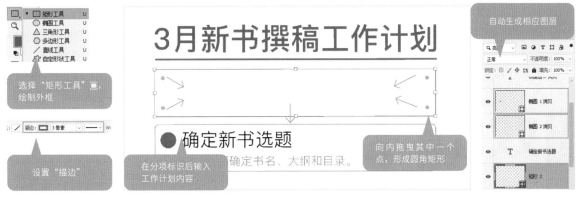

＊ 较早版本Photoshop的"矩形工具"□没有直接绘制圆角矩形的功能，可使用"圆角矩形工具"□绘制。

07 选择"移动工具"✛，选中制作好的内容，按住Alt键的同时进行拖曳操作，便可直接复制相关内容，然后对复制后的文本进行编辑，快速完成制作。

» 注意调整各个版块的内容，使整体实现对齐效果。

08 制作完成后，按快捷键Shift+Ctrl+S打开"存储为"对话框。选择文件需要存储的位置，在"保存类型"级联菜单中选择JPEG格式，按"保存"按钮 保存(s) 进行存储。

» 文件存储为JPEG格式后，会弹出"JPEG选项"对话框询问文件的保存品质，建议保存为"12（最佳）"品质。

巧用素材模板制作"双11"电商团队运营计划

利用素材模板对工作计划中较具亮点的字体以"轻量化"的方法进行变形设计。

01 根据设计主题需要，在素材网站下载合适的模板，并分析和提前规划素材中需要重点修改的内容。

» 这里重点修改的是素材上的文字内容。

02 将下载的素材模板置入Photoshop中，选择"横排文字工具"**T**，替换素材模板中需要修改的文字。

» 注意选择与原来文字一致的字体，以保证修改后的效果统一。这里为文字添加了黑色描边效果。

03 在素材网站上选择一款合适的字体变形素材进行下载，然后替换素材模板中的部分原文字信息。选中素材图层，按快捷键Ctrl+U打开"色相/饱和度"对话框，拖曳"色相"滑块，调整至与素材模板相呼应的正红色（R:255,G:0,B:0），按"确定"按钮 完成操作。

» 需要修改的蓝紫色（R:129,G:30,B:243）背景色与"色相/饱和度"对话框中的蓝色（R:0,G:0,B:255）较接近，所以可选择"蓝色"选项，调整字体变形素材背景色的基准色，使其与素材模板的整体配色相呼应。

04 如果字体变形素材中的一部分装饰性内容与素材模板中的文案发生重叠，可选择"套索工具"♢，在需要删除的元素上绘制选区，按Delete键删除选区的内容，然后按快捷键Ctrl+D取消选区，完成操作。

» 据此可见，利用字体变形素材的效果远比纯文字更能为作品增色。

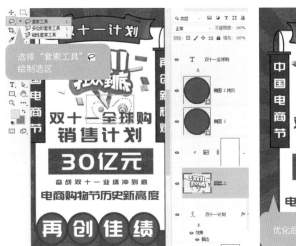

选择"套索工具"♢
绘制选区

优化后的计划图效果

巧用图标元素制作售后服务承诺计划

使用Photoshop的对齐功能，为工作计划的内容进行分层、分组排版。

01 确定工作计划的内容，并将其分为几个部分。

» 制作文字较多的工作计划，可以采用"去点分组"的方法，即将每个计划条目分为若干个组，再对各个组进行对齐分布等专业化排版。

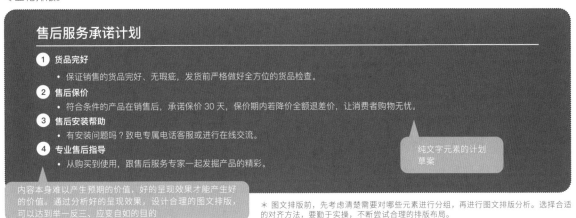

售后服务承诺计划

① **货品完好**
   • 保证销售的货品完好、无瑕疵，发货前严格做好全方位的货品检查。
② **售后保价**
   • 符合条件的产品在销售后，承诺保价30天，保价期内若降价全额退差价，让消费者购物无忧。
③ **售后安装帮助**
   • 有安装问题吗？致电专属电话客服或进行在线交流。
④ **专业售后指导**
   • 从购买到使用，跟售后服务专家一起发掘产品的精彩。

纯文字元素的计划草案

内容本身难以产生预期的价值，好的呈现效果才能产生好的价值。通过分析好的呈现效果，设计合理的图文排版，可以达到举一反三、应变自如的目的

＊ 图文排版前，先考虑清楚需要对哪些元素进行分组，再进行图文排版分析。选择合适的对齐方法，要勤于实操，不断尝试合理的排版布局。

02 找一些相关的优秀案例，并分析其对齐方式和特点，有利于提升排版专业性。这里以Apple中国官网为例，可以发现，页面中的图标与其下方的文字均居中对齐，图标与文字间距一致，各个图标大小也一致。如果将这4个图标看成一个整体，还会发现它在整个页面中也是居中对齐。

» 优秀案例经过了大众检验，有许多可供分析、学习的地方。在设计中，那些"看不见"的虚线起到"提纲挈领"的作用。这些虚线看似随意，其实暗藏排版规律，是引导受众的视线以产生秩序感的关键性因素。

03 在Photoshop中新建画布，选择"横排文字工具"**T**，在画布中输入需要的文字。然后选中所有文字图层，选择"移动工具"✛，并进行"水平居中对齐"♣，完成一组内容的对齐。

» 这里将文案以常见的"标题——内容"的形式上下排列。

04 通过复制、粘贴的方法，制作完成所有的分组条目内容。

» 根据实际需要，可利用相似方法输入其他分组条目，完成文字布局。

05 从素材网站下载一些合适的图标素材，将其匹配到工作计划中。

» 将下载的图标置入工作计划中，要注意图标之间的距离是否均等，图标位置是否对齐。

 搜索关键词为"包裹"

 搜索关键词为"人群"

搜索关键词为"钱币"

搜索关键词为"聊天"

货品完好

保证销售的货品完好、无瑕疵，发货前严格做好全方位的货品检查。

售后保价

符合条件的产品在销售后，承诺保价30 天，保价期内若降价全额退差价，让消费者购物无忧。

售后安装帮助

有安装问题吗？致电专属电话客服或进行在线交流。
致电 400-666-****

专业售后指导

从购买到使用，跟售后服务专家一起发掘产品的精彩。

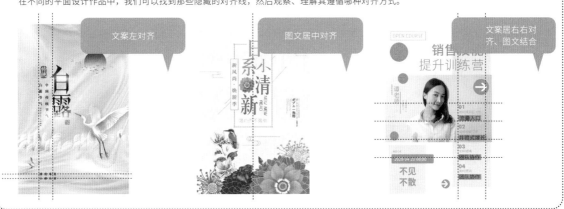

货品完好

保证销售的货品完好、无瑕疵，发货前严格做好全方位的货品检查。

售后保价

符合条件的产品在销售后，承诺保价30 天，保价期内若降价全额退差价，让消费者购物无忧。

售后安装帮助

有安装问题吗？致电专属电话客服或进行在线交流。

致电 400-666-****

专业售后指导

从购买到使用，跟售后服务专家一起发掘产品的精彩。

制作完成后的效果

知识拓展：设计中隐藏的对齐线

很多"高大上"的海报其实都在向人们传达一条信息：通过对齐排版，可使画面呈现出等级划分，有序将受众的注意力引导至设计者希望表达的内容上。

在不同的平面设计作品中，我们可以找到那些隐藏的对齐线，然后观察、理解其遵循哪种对齐方式。

文案左对齐

图文居中对齐

文案居右右对齐、图文结合

巧用图表元素制作椰子味蛋白棒销售计划

要使文字呈现效果更加生动，可以通过视觉化和结构化的方式优化排版。

01 确定工作计划的内容。

» 从基础文案中找出规律，并加以优化。

企业指定某款产品销售计划，文案需求如下：

> 对此文案制订视觉化解决方案

名称：椰子味蛋白棒 7 月份销售计划
达标≥ 3500kg/ 周

第 1 周 销量 4500kg，销售额 90000 元；

第 2 周 销量 3890kg，销售额 77800 元；

第 3 周 销量 4526kg，销售额 90520 元；

第 4 周 销量 3980kg，销售额 79600 元；

销售目标，销售策略，实现步骤，前景展望

02 区分权重，并进行排版布局。

» 根据文案信息确定主文案和分项文案之间的关系，选择相应的排版布局方式。

> 根据文字的权重进行基础排版

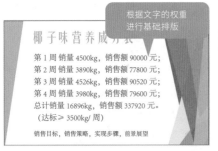

> 根据分项文案特点搭配线形元素

椰子味蛋白棒 7 月份销售计划

达标≥ 3500kg/ 周

	第一周	第二周	第三周	第四周	总计
销量	4500kg	3890kg	4526kg	3980kg	16896kg
销售额	90000 元	77800 元	90520 元	79600 元	337920 元

＊ 该页面为 PPT 默认的背景母版效果，可根据实际需要进行视觉优化。

03 在Photoshop中新建一个"宽度"为"1440像素"、"高度"为"580像素"的画布，然后在画布中输入基础文案信息。

» 输入文案的同时要注意将文案进行分组。

04 分组选中文字图层，选择"移动工具"，并进行"左对齐"，完成文字内容的对齐。

» 可根据画面效果执行不同的对齐命令，以美观、清晰为原则。

05 选择"直线工具"，按住Shift键绘制水平直线作为分隔线，在属性栏中设置工具模式为"形状"，"填充"为无颜色，"描边"为黑色（R:0，G:0，B:0）、1像素、实线。

» 注意将所有分隔线对齐排布。

椰子味蛋白棒 7 月份销售计划

达标≥ 3500kg/ 周

	第一周	第二周	第三周	第四周	总计
销量	4500kg	3890kg	4526kg	3980kg	16896kg
销售额	90000 元	77800 元	90520 元	79600 元	337920 元

06
选择"矩形工具"□，绘制矩形框作为装饰，在属性栏中设置"填充"为无颜色，"描边"为黑色（R:0，G:0,B:0）、1像素、实线，然后进行拖曳操作，以框住文字。

» 注意将各个矩形框对齐排布，并调整大小，以便置入文字。

设置矩形的"描边"

自动生成形状层

椰子味蛋白棒 7 月份销售计划				达标≥ 3500kg/周
销量	4500kg	3890kg	4526kg	3980kg	16896kg
销售额	90000 元	77800 元	90520 元	79600 元	337920 元
		第二周	第三周	第四周	总计

07
根据销售相关的关键词搜索素材，为销售计划添加图标元素。

» 在素材网站（这里选用的是Iconfont）搜索"销售目标"，下载销售目标相关的图标元素，运用到文案中。

输入"销售目标"关键词进行搜索

选择"直排文字工具"，可输入竖排文字

销售目标

08
结合内容调性，为销售计划搭配一个合适的背景、图形或图像。

» 成熟的文案设计逻辑与其说是"内容逻辑"，不如说是"展示逻辑"。做好职场文案的核心在于为有价值的内容穿上专业的"外衣"。

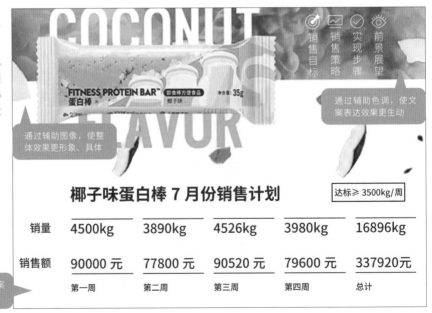

通过辅助图像，使整体效果更形象、具体

通过辅助色调，使文案表达效果更生动

字体、字号要根据文案权重加以区分设置

销售目标 销售策略 实现步骤 前景展望

椰子味蛋白棒 7 月份销售计划

达标≥ 3500kg/周

销量	4500kg	3890kg	4526kg	3980kg	16896kg
销售额	90000 元	77800 元	90520 元	79600 元	337920元
	第一周	第二周	第三周	第四周	总计

知识拓展：图形化的字体变形

通过变形将字体进行图形化表达，可以使内容显得生动、有趣，同时不影响文字本身的意义，还能通过构图和配色强化文字的意义。

纯文字信息

图形化的字体变形

＊ 在职场上，一般无须专门设计字体，有文字设计的意识即可。需要时可以到素材网站（比如摄图网、千库网、昵图网等）直接搜索关键词下载获取。

巧用图形元素制作童书营销计划

利用Photoshop将纯文字计划用简单的操作方法进行配图设计，使其图文并茂，并体现出一定的专业性。

01 分析并规划内容呈现的效果。例如制作一幅关于童书营销计划的海报时，需要用到女孩形象，就涉及如何对该形象进行合理化表达的问题。比如是直接使用文字表述呢，还是将其图形化、图像化呈现呢？

» 要想达到图文并茂的效果，就要将文字内容转化成视觉语言，即图形化或图像化。制作时无须将所有内容全部图形化或图像化，只需找到其中的要点，将其合理地转化为视觉语言，再搭配原有文字信息即可。

纯文字信息

文字信息图形化

文字信息图像化

02 在Photoshop中新建画布，将前景色设置为浅蓝色（R:183,G:191,B:218），按快捷键Alt+Delete将其填充为画布的背景色。选择"矩形工具"□，在属性栏中设置圆角半径为"30像素"，然后在画面版心处拖曳绘制一个圆角矩形，并在属性栏中设置"填充"为浅绿色（R:206,G:233,B:229）。选择"横排文字工具"**T**，输入标题文字，然后单击"图层"面板底部的"添加图层样式"按钮*fx*，在下拉菜单中选择"投影"选项，画布中的文字会自动生成投影效果。继续单击"图层"面板底部的"添加图层样式"按钮*fx*，在下拉菜单中选择"描边"选项，画布中的文字会自动生成描边效果。

» 为与童书主题匹配，这里选择"萌趣哈哈宋"字体，确定整体画面的基调。

通过双层背景效果制作计划稿的背景

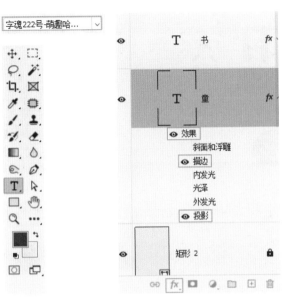

根据主题的调性
选择合适的字体

03 选择"矩形工具"□，在属性栏中设置圆角半径为"99像素"，在画布中拖曳绘制一个圆角矩形。选择"横排文字工具"T，在属性栏中设置字体为"微软雅黑，Regular"，字体大小为"30点"，字体颜色为浅青色（R:231，G:244，B:242），在圆角矩形中添加一行文字。

» 绘制（或复制）一个等大的圆角矩形，并填充与背景色相近的颜色，将其制作成投影效果。

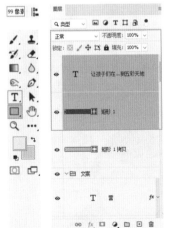

海报的说明文案

04 选择"椭圆工具"○，绘制女孩的脸蛋、眼睛、耳朵、辫子、颈部等部分。然后选择"钢笔工具"∅，在属性栏中设置工具模式为"形状"，"填充"为深棕色（R:109,G:59,B:31），再绘制一些异形图形，作为女孩头发的部分，完成女孩的造型制作。

» 绘制卡通图形，可避免视觉效果的空洞感或枯燥感。绘制完成后，检测整体效果是否满意。

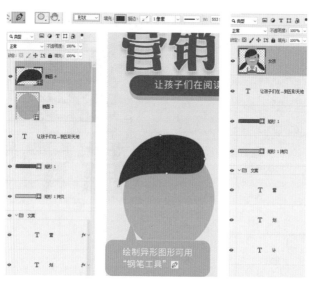

05 选择"椭圆工具"○，按住Shift键拖曳绘制圆形。然后选择"横排文字工具"**T**，在属性栏中设置字体为"微软雅黑，Bold"，字体大小为"40点"，在圆形右侧输入文字。

» 为丰富分点标识，这里可绘制（或复制）一个等大的圆形，并为两个圆形分别填充相近的颜色，将浅色的圆形制作成投影效果。

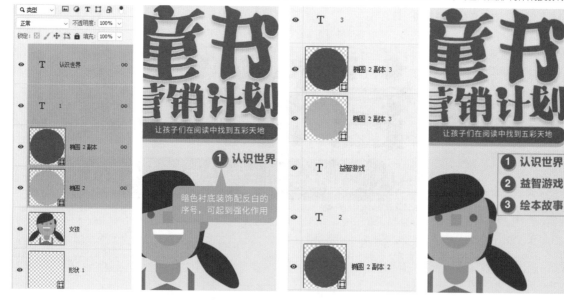

06 如果对图形化效果不满意，还可以换成图像化效果。将人物图片在Photoshop中打开，选择"魔棒工具" ✨，在属性栏中设置"容差"为"32"，在人物图片背景空白处单击形成选区。按Delete键删除图片的背景后，按快捷键Ctrl+D取消选区，完成人物的抠取。

» 可选择"移动工具" ✛，调整配图的位置，使其底边与背景的圆角矩形底边对齐，以保证视觉效果的美观。

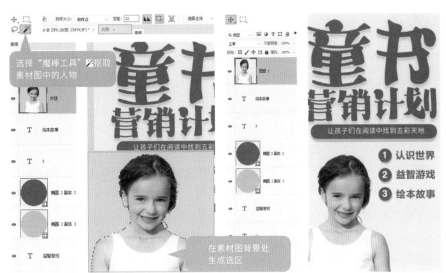

选择"魔棒工具" ✨抠取素材图中的人物

在素材图背景处生成选区

07 效果对比。

» 鉴于工作计划一般以文字信息为主，辅以图形化、图像化元素，可以生成风格多样、图文并茂的效果。因此在实际工作中，可根据具体需要选择合适的呈现形式与方法。

配以图形化元素

配以图像化元素

任务发布 🔍

请完成相关练习。

1. 使用 Photoshop 为自己制作一份下个月的工作计划，并将其存储成模板，便于以后使用。

2.为自己制作一份年度工作计划，并在年底查看进度。

Photoshop 之

工作汇报

应用方法与技巧

- 学前了解
- 巧用剪贴蒙版制作工作汇报
- 巧用对齐方式优化工作汇报
- 巧用流程图形式制作工作汇报

CHAPTER 03

💡 学前了解

需求解析

工作汇报一般用于向他人展示，因此首先要达到适于展示的目的，使其作为外宣工具展现自身职场价值。

在实际工作中，年中及年终总结会都不可避免地会进行工作汇报。优化工作汇报的表现形式，能为自身在职场的发展创造机会。

在日常工作中，需要对阶段性的工作内容进行复盘，研判当前工作的发展阶段和实际情况，为下一步工作做谋划。此时，员工有必要以工作汇报的形式展示自己当前的工作内容，并通过合理的表现方式呈现给领导和团队。

面对较重要的项目时，可能需要就项目的实施方案进行研讨，分析各方面情况和因素，也需要员工从项目实际出发，通过工作汇报的形式展示相关情况，以便领导和同事据此做出判断。

年中/年终汇报

工作复盘

项目研讨

操作方法

◎ 先明确所做的工作汇报想表达什么内容，确定表达形式。

◎ 利用Photoshop制作线框、图形等元素，与工作汇报的内容相融合，做好视觉优化，让画面更具吸引力和专业性。

◎ 使用模板制作工作汇报时，要谨记内容合理、表达准确比套用模板更重要，形式主要是为内容服务，切勿本末倒置。

注意事项

◎ 根据内容需要，尽可能多地收集模板素材，并从中选择合适的模板。

◎ 拟选用的模板必须符合逻辑，文字与图形相结合，主次分明。

◎ 制作完成的工作汇报要符合基本的认知逻辑。

巧用剪贴蒙版制作工作汇报

使用素材模板结合已有的文案制作图文并茂的工作汇报，可以提升工作汇报的品质。

01 在Photoshop中新建画布，选择"矩形工具"□，在属性栏中设置"填充"为浅灰色（R:236,G:236,B:236），
绘制一个矩形，作为组成工作汇报版心的基础图形。

» 一般来说，工作汇报的背景色通常为较简单、基础的色调。

02 选择"矩形工具"□，在属性栏中设置"填充"为深灰色（R:77,G:75,B:76），
在之前绘制好的矩形上再绘制一个矩形。选择"直接选择工具"▷，按住Shift
键，分别单击矩形顶部的两个锚点（被选中的锚点变为实心），然后按键盘上的"→"
方向键，水平右移锚点位置，使矩形成为平行四边形，作为剪贴蒙版的剪贴面。

» 这里将矩形调整为平行四边形，可使
画面内容更具设计感。

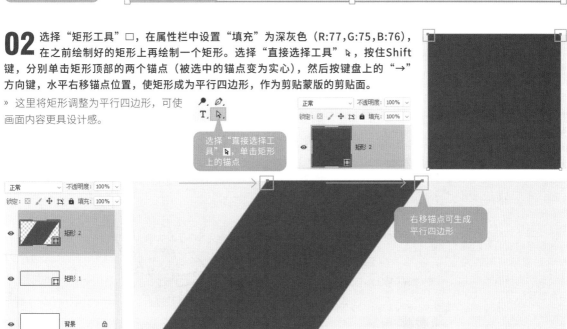

03

下载一张与工作汇报内容调性相符的图片素材，在Photoshop中打开后，拖曳至工作汇报的封面中。确保该素材所在图层位于紧邻平行四边形上层，以便作为图片的剪贴蒙版。

» 若想利用剪贴蒙版制作工作汇报的封面，需要选择与工作汇报内容调性相符的素材图片作为剪贴对象，比如写字楼、办公室环境等图片。同时，鉴于工作汇报是相对严肃的职场文件，选用的素材配色应尽可能迎合职场商务风格，比如选用宝蓝色（R:35,G:80,B:156）、科技蓝（R:5,G:88,B:156）等颜色，避免使用暖色。

确保图片素材所在图层位于紧邻平行四边形上层

素材应置于画布居中位置

04

将需要制作剪贴蒙版的图片素材置于作为剪贴图形的上方，并使其完全覆盖，然后将鼠标指针置于"图层"面板中图片和图形所在图层中间位置后，按住Alt键并进行单击。此时图片所在图层生成向下箭头，同时图片素材被剪贴进图形中，生成异形图像效果。

» 确保图片素材完全覆盖住剪贴图形，否则生成的效果不理想。

单击此处

生成的异形图像效果

＊ 制作剪贴蒙版效果时，务必保证图片素材完全覆盖剪贴图形，以免剪贴后的图片露出图形底色。

05

选择"矩形工具"□，在画布中绘制出更多的图形作为装饰，以丰富画面效果。

» 制作好剪贴蒙版效果后，单一的异形装饰会使画面略显单调，这时可利用与绘制平行四边形剪贴图形相似的方法，在画面中绘制若干与剪贴蒙版效果相呼应的图形，并为其填充与图片素材色调一致的颜色作为装饰。

绘制若干异形图形丰富画面效果

06 选择"横排文字工具"**T**，在画布中输入主标题，在属性栏中设置字体为"思源黑体 CN，Normal"，字体大小为"50点"，字体颜色为蓝色（R:35，G:80，B:156）。在画布中输入主文案，字体颜色不变，设置字体为"思源黑体 CN，Heavy"，字体大小为"14点"。在页面顶部和左下角的位置添加一些辅助的装饰性文案，并根据整体排版需要，

设置合适的字体和字号。为增强版面的装饰效果，可为关键性文案搭配图标元素。

» 注意文案颜色要与画面主色调相一致，同时文案的字体、字号设置要体现出层级，以展现秩序感。

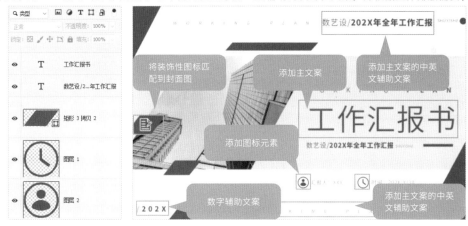

07 以JPEG格式输出，并存储图片。

» 制作接续相关内容页面时，务必保证页面风格与当前的封面图调性相符，形成统一的视觉效果。

验证码：13018

💡 巧用对齐方式优化工作汇报

结合工作汇报的实际需求，对文案进行分级和排版，使用对齐功能对工作汇报进行优化。

01 分析排版凌乱的工作汇报页面。

» 这里准备利用16字技巧"化字为形、对齐边线、等距分布、视觉协调"进行优化。

02 化字为形。

» 页面上有标题文字、段落文字等多种文字对象，当需要将它们对齐时，可有意识地把它们看成一个个矩形。

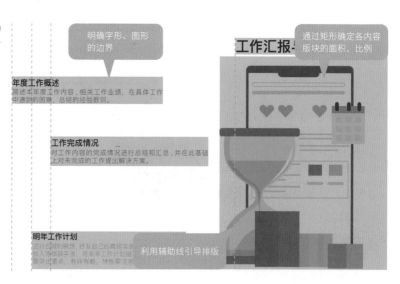

03 将文字部分进行"左对齐"。

» 该页面左侧是文字区域，右侧是图片区域，为常见的左右版式布局。

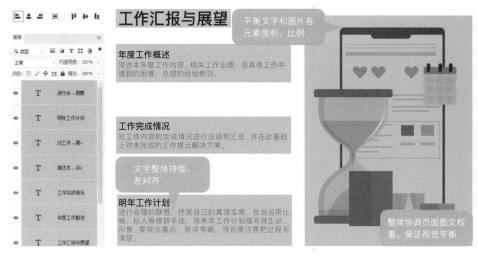

平衡文字和图片各元素面积、比例

工作汇报与展望

年度工作概述
简述本年度工作内容，相关工作业绩，在具体工作中遇到的困难，总结的经验教训。

工作完成情况
对工作内容的完成情况进行总结和汇总，并在此基础上对未完成的工作提出解决方案。

文字整体排版、左对齐

明年工作计划
进行合理的联想，抒发自己的真情实感，恰当运用比喻、拟人等修辞手法，将来年工作计划描写得生动、形象，要突出重点，有详有略，特别要注意把过程写清楚。

整体协调页面图文权重，保证视觉平衡

04 将所有文字进行"水平居中分布"，使文字内容呈等距分布。

» 页面左侧3个段落之间的距离不相等，可执行"水平居中分布"命令，实现间距相等效果。

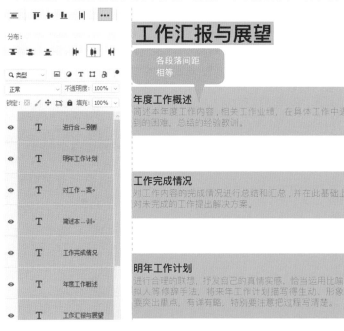

工作汇报与展望

各段落间距相等

年度工作概述
简述本年度工作内容，相关工作业绩，在具体工作中遇到的困难，总结的经验教训。

工作完成情况
对工作内容的完成情况进行总结和汇总，并在此基础上对未完成的工作提出解决方案。

明年工作计划
进行合理的联想，抒发自己的真情实感，恰当运用比喻、拟人等修辞手法，将来年工作计划描写得生动、形象，要突出重点，有详有略，特别要注意把过程写清楚。

图片面积比例较大，调整右侧布局

05 视觉协调处理。

» 将文字进行两端对齐，以保证整体页面视觉协调。

文字实现了左对齐

文字两端对齐，保证视觉协调

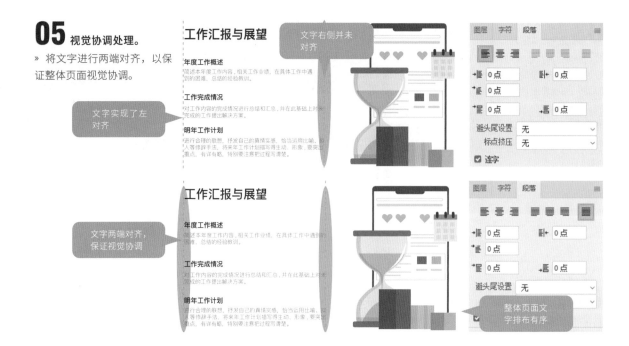

06

选择"横排文字工具" **T**，选中标题文字，在属性栏中设置字体为"苹方，特粗"，字体大小为"33点"。选中分项文字，在属性栏中设置字体为"苹方，粗体"，字体大小为"22点"。具体内容文字颜色为灰色（R:97,G:89,B:89），标题文字及分项文字颜色为黑色（R:0,G:0,B:0），以示区分。

» 注意标题文字和分项文字需要适当加粗、加大，使其作为主体文字，增强文字内容的层次感。

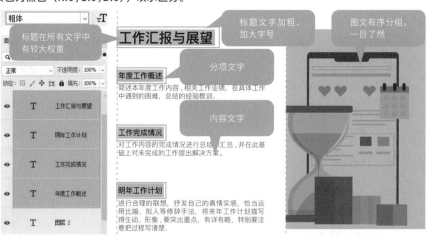

07 继续调整字体。选中具体内容文字，在属性栏中设置字体为"苹方，特细"，字体大小为"14点"。

» 这步操作，可以进一步明晰主标题和分项内容的层级，让页面效果更合理。

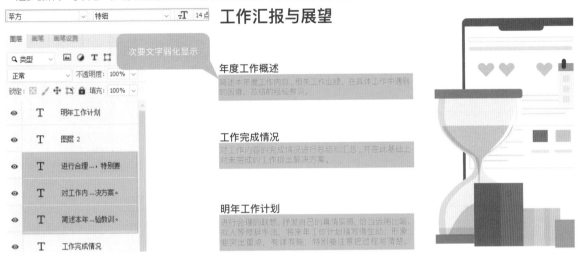

08 将标题文字和图片进行"顶对齐" ，将最下面一段文字与图片进行"底对齐"。将页面上的所有内容看作一个大的矩形块，进行"水平居中对齐"和"垂直居中对齐"。

» 使整体画面达到规整有序的效果。

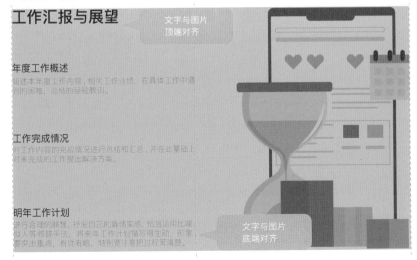

09 效果对比。

» 优化前的页面比较凌乱，优化后的页面平衡有序，留出了等距和谐的空白，给人以干净、整洁的感觉。

这里的案例只是抛砖引玉，在实际应用时，读者还需结合场景加以发挥。上述操作步骤既可用于页面局部，也可用于整个页面，要相互结合使用。也可用这种方法去分析其他效果理想的页面排版，从而进一步提高自己制作工作汇报的能力

巧用流程图形式制作工作汇报

利用流程图形式制作工作汇报，可以让人感到耳目一新。

01 确定工作汇报的内容，并将其分为几个部分。

» 从基础文案中找出文字内容的内在逻辑。

工作汇报名称：电商运营工作汇报

产品、运营、用户相互作用，业务增收

运营价值 = 用户生命周期价值 + 获客成本 + 运营成本

用户生命周期价值：用户周期中所创造的价值（引入期及成长期充值、提现，以及老带新利益）

获客成本：区分自有用户，引入外部用户（渠道成本、推广成本、流量成本）

运营成本：营销成本、人工成本等（短信渠道成本、活动奖品成本、人工成本）

用户维护：结合全年销售数据，对所有数据进行分析总结，得出"90后"及"00后"消费者占比为83%的结论。据此在用户维护上制订以"90后"及"00后"为运营核心的新一年度的运营计划。

利益点前置，调整运营策略，切合用户需求，降低参与门槛，活动偏年轻化→用户所想

工作展望：进一步加强吸引年轻用户的工作投入，开展以直播带货为主的新媒体运营模式；进一步丰富产品线种类，并实现产品包装时尚化。

用户为先、产品其从，旨在切合用户的真实需求，做好产品并提升用户体验→用户所想

---

02 在Photoshop中新建画布，将画布填充为黑色（R:0,G:0,B:0）。选择"矩形工具"□，在属性栏中设置"填充"为蓝色（R:0,G:0,B:255），圆角半径为"10像素"，绘制3个圆角矩形，并将其调整为等距样式，作为文案衬底装饰。

» 绘制出一个圆角矩形后，选择"移动工具"✛，选中圆角矩形，按住Alt键的同时进行拖曳操作，可以复制得到另外两个圆角矩形。

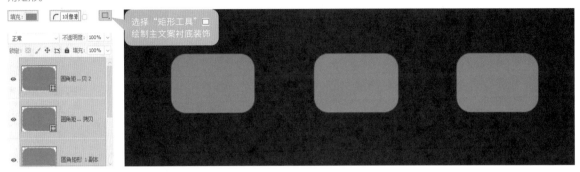

03 选择"钢笔工具"⌀，在属性栏中设置工具模式为"形状"，"填充"为无颜色，"描边"为白色（R:255,G:255,B:255）、6像素、实线，绘制一个箭头。

» 注意绘制出的箭头长短要合适。

04 为了使后续制作的双向箭头不出问题，需要先对用"钢笔工具"⌀绘制的矢量箭头进行栅格化操作。在箭头所在图层上单击鼠标右键，选择"栅格化图层"选项，栅格化该图层为位图层。

» Photoshop中不可对非闭合路径（开放路径）的对象直接进行翻转操作，以避免因软件算法问题产生漏洞，进而影响设计稿的质量。

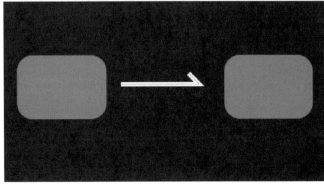

05 按快捷键Ctrl+J原位复制箭头，然后按快捷键Ctrl+T调出自由变换框，接着在自由变换框内单击鼠标右键，执行"垂直翻转"命令。选择"移动工具" ⊕，垂直下移该箭头到合适位置。再单击鼠标右键，执行"水平翻转"命令，得到一个反向的箭头。这样就完成了双向箭头的制作。

» 这里需要绘制双向箭头，避免产生逻辑漏洞。

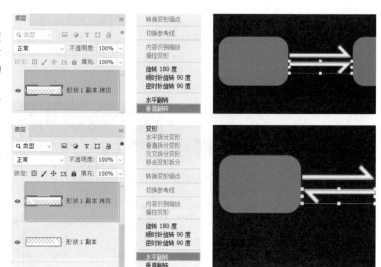

06 同时选中双向箭头所在的两个图层，单击"图层"面板底部的"链接图层"按钮 ∞，将双向箭头进行链接。选择"移动工具" ⊕，按住Shift键，将链接后的双向箭头向右平移到合适位置。选择"横排文字工具" **T**，在属性栏中设置字体为"微软雅黑,Regular"，然后在衬底矩形框内输入需要的文字，并将文字在矩形框内进行"水平居中对齐" ⬍。

» 这里将双向箭头进行链接，目的是防止移动箭头时出现错位的情况。

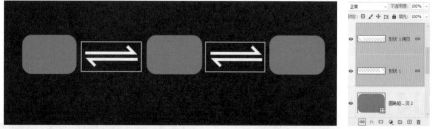

07 选择"自定形状工具"，在属性栏中打开"形状"下拉面板，选择一个合适的箭头形状，在画布中进行拖曳操作，绘制出向右的箭头。选中向右的箭头，按快捷键Ctrl+T将其旋转为向下的箭头，并置于合适位置。

» Photoshop版本不同，"形状"下拉面板中所包含的形状数量和效果也不同。

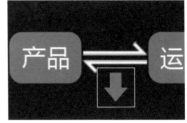

08 选择"横排文字工具" **T**，在属性栏中设置字体为"微软雅黑，Regular"，字体大小为"27点"，字体颜色为蓝色（R:0,G:0,B:255），在画布中添加主文案。更改字体大小为"16点"，在画布中添加分项文案。根据需要添加一些箭头元素，以连接主文案与分项文案。

» 注意主文案和分项文案的层级关系要尽量明确、清楚。

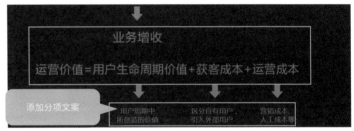

09 选择"矩形工具"，绘制一个白色（R:255,G:255,B:255）矩形作为贴士标签的基本形，然后在属性栏中选择"减去顶层形状"进行布尔运算操作，以制作倒角。在已有的矩形右上角绘制较小的矩形，并用"路径选择工具"选中该矩形，按快捷键Ctrl+T对其进行旋转，使其"切掉"大矩形的一个角。设置贴士标签切角后，在属性栏中选择"合并形状组件"，将两个矩形交叠的路径进行合并，完成标签制作。

» 矩形旋转的角度可以根据效果需要灵活调整，这里设置的旋转角度为45°。

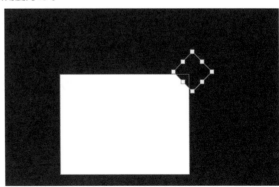

选择"合并形状组件"

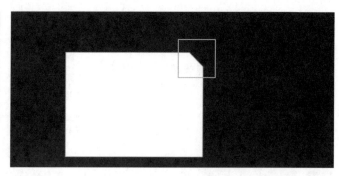

10 选择"矩形工具"□，绘制一个蓝色（R:0,G:0,B:255）的矩形，使其覆盖贴士标签顶部，注意将该图层置于白色矩形图层此时贴士标签装饰的装饰条效果。

确保蓝色矩形所在图层位于白色矩形图层上方

» 注意组合图形蓝色部分与白色部分的比例要合适。

生成的剪贴蒙版效果

11 制作完成一组贴士标签，选中该组内所有图层，按快捷键Ctrl+G对其进行编组，然后通过复制、粘贴的方法制作另外两个组，并分别调整标签颜色和文字内容。

» 制作好贴士标签基本形后，即可将工作汇报的文字分组呈现在贴士标签上，形成图文结合的有序布局。

按快捷键Ctrl+G，对贴士标签图层进行编组

所创造的价值	引入外部用户	人工成本等
CLV	**CAC**	**COC**
☐ 引入期、成长期	渠道成本	☐ 短信渠道成本
☐ 充值、提现	推广成本	☐ 活动奖品成本
☐ 老带新利益	流量成本	☐ 人工成本

12 选择"矩形工具"□，绘制一个蓝色（R:0,G:0,B:255）的圆角矩形作为分项文案衬底装饰的基本形，再在属性栏中选择"减去顶层形状"，在已有的圆角矩形右侧绘制一个相对较小的圆角矩形，形成衬底装饰的镂空效果。

» 制作较长的圆角矩形，以放置文字较多的文案。

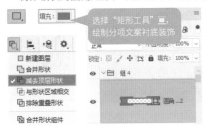
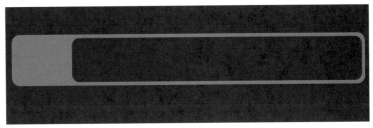

13 与制作贴士标签的方法类似，可先制作好一组分项文案，再选中该组内所有图层，按快捷键Ctrl+G对其进行编组，然后通过复制、粘贴的方法制作好另外一个组，并调整相应的分项文案内容。

» 制作好分项文案衬底装饰基本形后，即可将工作汇报的内容呈现在分项文案上，形成图文有序布局。

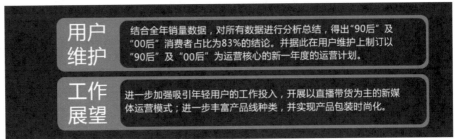

14 选择"矩形工具"□，按需绘制多个蓝色（R:0,G:0,B:255）的圆角矩形作为分点文案衬底装饰的基本形，再输入既定的文案。

» 分点文案需与整个工作汇报的设计风格相呼应。

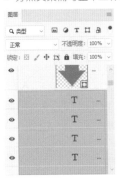
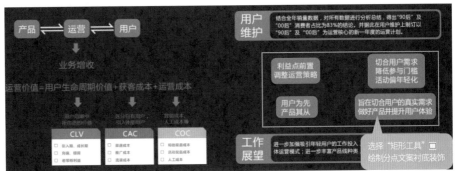

15 选择"钢笔工具" ，在属性栏中设置工具模式为"形状","填充"为无颜色,"描边"为白色（R:255，G:255,B:255)、5像素、实线,绘制一些箭头引导线以连接各文案组块。

» 引导线的作用是使内容之间的逻辑关系更清楚,因此要根据文字之间的逻辑关系进行连接。

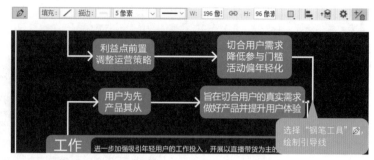

16 在素材网站上选择合适的素材进行下载,将其置入工作汇报中作为装饰,注意合理布局,丰富画面效果。

» 也可直接选择"钢笔工具" ,绘制简单的装饰元素。

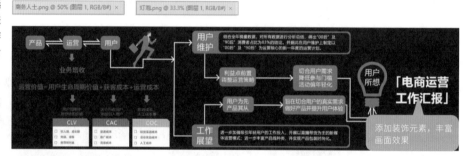

17 选择JPEG格式输出并存储文件。

» 制作接续相关内容页面时,务必保证整体页面的调性一致,使视觉效果协调统一。

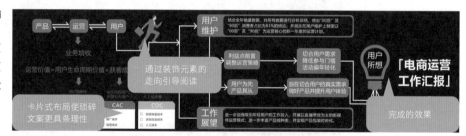

知识拓展：实用的三大工作汇报结构形式

所谓"智者,善假于物也",工作汇报的制作过程就是将枯燥的文字信息图形化、图表化的过程,因此有必要根据工作汇报内容选择合适的模板。选择模板时,要选择便于化字为形且有逻辑性的模板,以便对视觉效果进行把控。

下面就职场中较为实用的分总式、总分式、闭环式工作汇报典型模板进行知识拓展。

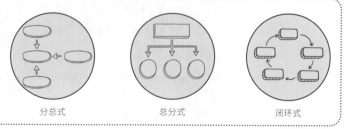

分总式　　　　　　总分式　　　　　　闭环式

分总式指针对汇报内容先分门别类摆明论点，再进行总结。

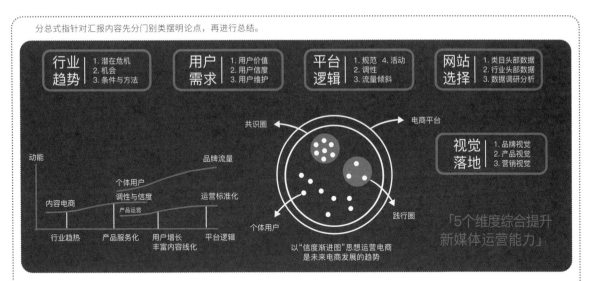

总分式指针对汇报内容先给出结论，再佐以论据说明。

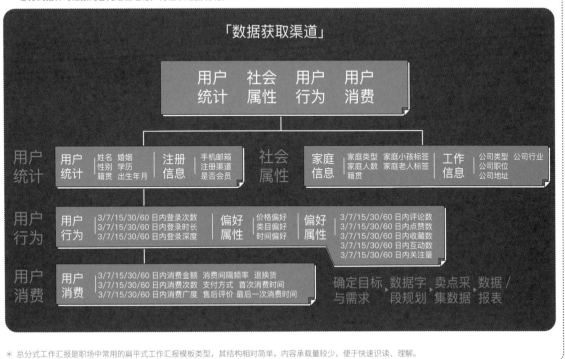

＊ 总分式工作汇报是职场中常用的扁平式工作汇报模板类型，其结构相对简单，内容承载量较少，便于快速识读、理解。

闭环式也称循环式，指针对汇报内容将每一个环节逻辑清晰地加以表达，形成有机闭环。

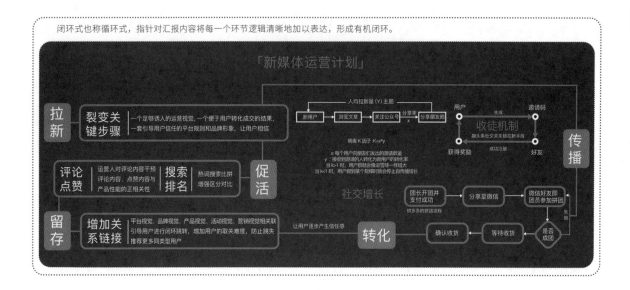

任务发布 🔍

请完成相关练习。

1. 使用 Photoshop 将给定的文字内容制作成工作汇报，并进行逻辑测试，确保效果令人满意。

2. 以你的工作情况为蓝本，制作一份属于自己的工作汇报吧！

第 4 章

Photoshop 之
商业计划书
应用方法与技巧

- 学前了解
- 巧用线性渐变和图层蒙版制作商业计划书封面
- 巧用渐变叠加结合图文分组制作商业计划书内容页
- 巧用素材模板制作高品质商业计划书

CHAPTER 04

💡 学前了解

需求解析

对于初创企业来说，商业计划书是其在创业过程中的战略设计，对于创业实践具有重要的指导作用。与没有利用模板制作的商业计划书相比，利用模板制作的商业计划书可操作性更强、更专业。

一份优质且专业的商业计划书，能帮助创业者减少失误。专业的商业计划书不仅有利于融资，而且在树立企业形象方面也起着重要的作用。

商业计划书是以结果为落脚点的职场应用文件，因应用场景的特殊性，要求制作者格外注意其内容承载形式，尤其是视觉展现形式。切忌一味地秉承内容才是"硬道理"的传统思维，要在视觉呈现上，通过合理的排版，以更高标准的呈现效果体现制作者的专业程度。

商业计划书会直接呈现给投资者，制作者首先应明确基本制作流程和审美逻辑，在此基础上结合实际需要进行排版加工和内容创新。

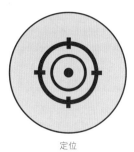

定位

模板

加工

操作方法

◎ 选择商业计划书模板前，先明确拟定的商业计划书的定位。

◎ 综合考虑目的、对象和项目特征等因素，选择合适的模板。

◎ 根据实际需要对模板进行必要的修改，补充计划书的文字内容。

◎ 相关工作完成后，要对整个商业计划书的语言表述进行演练，以便找到文字方面的不足，并进行修改完善。

注意事项

◎ 制作商业计划书前，建议选择视觉效果专业但不张扬的模板。

◎ 撰写商业计划书内容时，切忌出现错别字。

巧用线性渐变和图层蒙版制作商业计划书封面

结合图标元素，使用Photoshop图层蒙版功能制作吸引人的融资方案计划书封面。

01 在Photoshop中新建画布，设置前景色为橙色（R:247,G:147,B:30）、背景色为黄色（R:255,G:255,B:30），选择"渐变工具" ■，在属性栏中打开"渐变编辑器"对话框，在"预设"中的"基础"选项中选择"名称"为"前景色到背景色渐变"，渐变方向为"径向渐变"。在新建的画布"背景"层上，从左下方朝右上方进行拖曳操作，将渐变色作用于封面背景当中。

» 在实际设计中，可根据需要设置更多合适的前景色和背景色作为渐变色，原则是保证两种颜色属于同一种色系。

02 选择"椭圆工具" ○，按住Shift键拖曳绘制一个圆形，再绘制一个同心且稍小的圆形。在属性栏中选择"减去顶层形状"进行布尔运算操作，制作成圆环作为装饰。单击形状层缩览图，将形状对象的颜色替换为白色（R:255，G:255,B:255）。

» 融资方案计划书的封面不能只有名称，要进行有针对性的装饰设计，所以这里通过布尔运算的方法制作装饰环加以装饰。

03 选中装饰环形状所在图层，单击"图层"面板底部的"添加蒙版"按钮 ◻，此时该图层的缩览图右侧会生成图层蒙版。选择"渐变工具" ▨，并将前景色调整为黑色（R:0,G:0,B:0），然后在属性栏中打开"渐变编辑器"对话框，在"预设"中的"基础"选项中选择"名称"为"前景色到透明渐变"，渐变方向为"线性渐变"，再按住Shift键在图形上由上至下进行拖曳操作，生成顶部透底的渐变效果。

» 为了使装饰环更有设计感，可以为装饰环添加由不透明到透明的渐变效果。

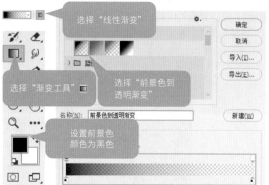
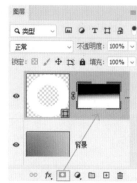

04 制作多个装饰环，并进行排版构图。

» 制作好顶部透底效果的装饰环后，可以用同样的方法绘制不同直径的装饰环，并对它们在背景上的位置进行排版构图。

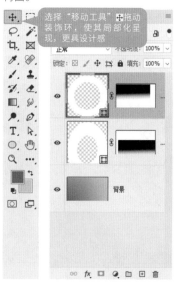

05 选择"横排文字工具"**T**，在属性栏中设置字体为"微软雅黑，Bold"，字体颜色为与背景色相呼应的橙红色 (R:230,G:121,B:51)。

» 根据商业计划书的主题，选择合适的字体。

单击属性栏中的"设置文本颜色"，调整文字颜色

06 选中橙红色主文案所在的文字层，按快捷键Ctrl+J原位复制该文字层，并将复制后的文字颜色调整为白色 (R:255,G:255,B:255)。选择"移动工具"✛，拖曳白色主文案，使其与橙红色主文案所在的文字层叠合成投影效果。

» 可用类似方法添加主文案的中英文辅助文案，注意控制辅助文案字体的大小，并统一右对齐。

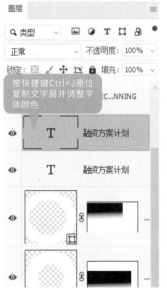

按快捷键Ctrl+J原位复制文字层并调整字体颜色

叠合成主文案的投影效果

添加主文案的中英文辅助文案

07 在素材网站上选择一款合适的图标素材（建议选择PNG格式）进行下载，然后在Photoshop中打开，并拖曳至画布中，按照之前的方法将图标处理为透底效果，以作装饰。

» 将图标素材拖曳到画布中后，可适当调整图标素材的效果，使其与画面整体视觉效果相融合。

将装饰图标匹配到封面图中

08 完成装饰性内容的布局后，保存图稿（建议存储为JPEG格式）以备使用。

» 制作接续相关内容的页面时，务必保持相关页面风格与当前封面调性相匹配。

制作完成后的效果

知识拓展：制作商业计划书3步法

从定目标、定计划到亮相落地，要明确需要展示的具体内容，同时注意结构的完整。

下面就制作商业计划书3步法进行知识拓展。

第1步，定出商业计划书的目标、希望争取的资源和获得资源后的前景展望。

计划名称：商业计划书制订计划

1. 企业通过商业计划书进行自我评价
找准自身定位、确定计划目标

> 要保证商业计划书
> 在计划指导下制订

2. 企业项目通过商业计划书争取资源
有助于项目相关人员更快、更好地了解企业项目，加快企业获得融资的脚步

3. 评价企业项目后续的执行情况
在获得融资后，项目后续的运营也需要商业计划书的监督与约束。商业计划书的内容有助于企业监督项目的执行能力，并为项目最终的经营效果提供参考依据

第2步，研究商业计划书的审核对象，有的放矢地制订满足其需求的计划。

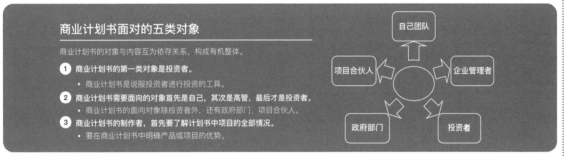

商业计划书面对的五类对象

商业计划书的对象与内容互为依存关系，构成有机整体。

① 商业计划书的第一类对象是投资者。
  • 商业计划书是说服投资者进行投资的工具。

② 商业计划书需要面向的对象首先是自己，其次是高管，最后才是投资者。
  • 商业计划书的面向对象除投资者外，还有政府部门、项目合伙人。

③ 商业计划书的制作者，首先要了解计划书中项目的全部情况。
  • 要在商业计划书中明确产品或项目的优势。

自己团队　企业管理者　投资者　政府部门　项目合伙人

＊ 在面对一个项目时，投资者更关心这个项目有多大的风险，因此计划也要体现止损机制。

第3步是亮相落地，生成商业计划书。优秀的商业计划书应观点明确、层次清晰、整体布局、呈现专业。

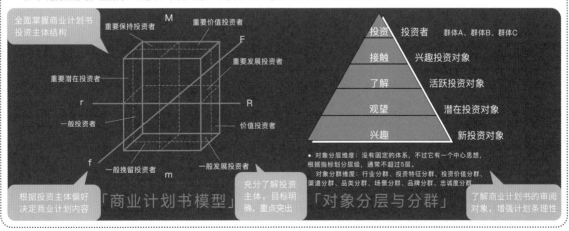

全面掌握商业计划书投资主体结构

M　重要价值投资者　重要保持投资者　F　重要发展投资者　重要潜在投资者　r　R　一般投资者　价值投资者　f　m　一般挽留投资者　一般发展投资者

根据投资主体偏好决定商业计划内容

「商业计划书模型」

充分了解投资主体，目标明确，重点突出

投资　投资者　群体A、群体B、群体C
接触　兴趣投资对象
了解　活跃投资对象
观望　潜在投资对象
兴趣　新投资对象

• 对象分层维度：没有固定的体系，不过它有一个中心思想，根据指标划分层级，通常不超过5层。
• 对象分群维度：行业分群、投资特征分群、投资价值分群、渠道分群、品类分群、场景分群、品牌分群、忠诚度分群

「对象分层与分群」

了解商业计划书的审阅对象，增强计划条理性

巧用渐变叠加结合图文分组制作商业计划书内容页

将商业计划书的文字内容与图标、图形等元素结合、分组，使内容页有逻辑性的同时不失美感。

01 在Photoshop中新建画布，选择"横排文字工具" **T** ，输入页眉文字。设置前景色为橙色（R:247,G:147,B:30）、背景色为黄色（R:255,G:255,B:30）。选中页眉文字层，单击"添加图层样式"按钮 *fx* ，在下拉菜单中选择"渐变叠加"选项，然后在打开的"渐变叠加"对话框中设置"渐变"为"前景色到背景色渐变"，为页眉文字添加渐变效果。

» 可选择"矩形工具"□，在文字下方绘制橙色矩形装饰图形，并与文字左对齐。

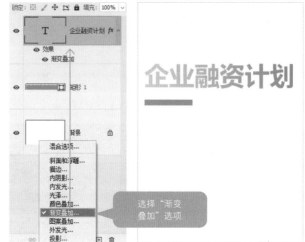

02 选择"矩形工具"□，在属性栏中设置"填充"为无颜色，"描边"为渐变色、3像素、虚线，圆角半径为"50像素"，绘制一个圆角矩形。

» 这里设置的渐变色与页眉文字的颜色统一。

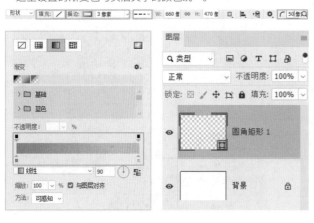

03 选择"横排文字工具"**T**，在分组框内输入文案信息。为了使数据效果更突出，选中页眉文字所在图层底部的"渐变叠加"图层样式，按住Alt键将其拖曳至数据图层上，此时数据图层便应用了相同的渐变效果。

» 输入文案信息时，注意"30W"的字体是"方正超粗黑_GEK"，"企业融资计划"的字体是"微软雅黑"，两者连同分组框居中对齐。

04 选中其中一组文案所在的所有图层，按住Alt键进行拖曳操作，以快速复制并制作完成所有文案。

» 注意修改相应的文案，形成内容页的版心结构。

05 在素材网站选择合适的图标素材（建议选择PNG格式）进行下载，然后在Photoshop中打开，并拖曳置入画布的合适位置作为装饰。

» 这里置入的图标素材，同样可以通过按住Alt键并拖曳"渐变叠加"图层样式，调整图标颜色效果。

06 添加辅助文字和装饰元素。

» 可根据内容页的整体布局，并以风格一致、色调统一为原则，为页面添加其他辅助文字和装饰元素。

07 完成装饰性内容布局后，保存图稿（建议存储为JPEG格式）以备使用。

» 制作接续相关内容页面时，务必保持相关页面风格与当前页面调性相匹配。

企业融资计划 PROJECT MARKETING PLANNING

制作完成后的效果

30w
企业融资计划

600w
企业发展规模

4500w
企业远景市值

企业融资计划是企业招商引资的重要工具，能够帮助企业在发展壮大时获得更好的融资机会，帮助企业更好地发展。

XXXX科技有限公司
XXXX TECHNOLOGY CO., LTD.

知识拓展：制作商业计划书的三大致命错误

以偏概全、自以为是、纸上谈兵是制作商业计划书的三大致命错误，要客观、全面地描述商业计划，避免夸张的内容出现。

就"以偏概全"方面而言，不要认为一份商业计划书就可以直接解决关于融资方面的所有问题。实际上，在融资过程中的任何一个环节出现差错，对企业来说也可能意味着融资失败。

就"自以为是"方面而言，要清楚我们制作商业计划书的最终目的就是打动投资者，而非自我说服或者自我炫耀。制作商业计划书时，要学会多站在投资方的角度去想他们所想，充分考虑投资方的回报及风险问题，而不能仅站在自己的角度考虑风险与收益问题，同时避免盲目认为只要自己的项目足够有潜力或足够优秀，投资者就一定会选中并支持。

就"纸上谈兵"方面而言，要明确知道的是，一份合格的商业计划书绝非是由终日坐在计算机前的工作人员凭空想象完成的，而是通过充分的资料数据不断论证计划实施的可行性写就的。也就是说，一份好的商业计划书一定是以数据为先、求真务实的。只有务实了，企业才能拥有行动的纲领，计划才能水到渠成。

巧用素材模板制作高品质商业计划书

利用下载好的商业计划书模板，结合实际情况制作一份高品质的商业计划书。

01 在Photoshop中新建画布，将提前准备好的城市素材置入画布中，作为商业计划书的封面背景。

» 这里素材置于画布居中位置。

02 选择"矩形工具"□，在属性栏中设置"填充"为红色（R:180，G:23，B:30），"描边"为无颜色、1像素、实线，在画布中绘制一个矩形，使其与封面背景图共同作为封面装饰的基础图形。

» 实际操作时，要根据商业计划书的调性选择所需填充的颜色。

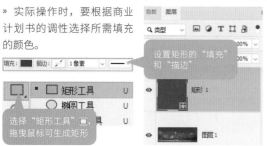

03 选择"矩形工具"□，绘制一个亮红色（R:206，G:39，B:1）的矩形，然后选择"直接选择工具"▷，单击该矩形右上角的锚点，此时该锚点变为实心矩形（其他未被选择的锚点为空心矩形）。

» 选择"直接选择工具"▷，可编辑任意一个锚点。

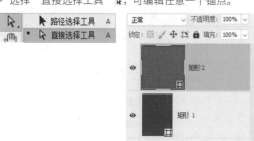

04 按住Shift键拖曳该锚点，可将矩形处理为不规则形状。

» 向下拖曳可制作出折叠效果。

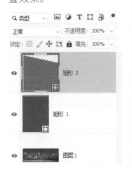

向下方拖曳锚点，可生成不规则形状

05 选择"矩形工具"□，绘制一个深红色（R:171,G:13,B:20）的矩形，并确保其顶边与背景素材底边对齐。

» 提前构思好预备制作的效果，再根据需要选择颜色绘制图形。

选择"矩形工具"□绘制矩形

确保其顶边与背景素材底边对齐

06 选择"删除锚点工具" ⌀，在深红色矩形左下方的锚点上单击，以绘制一个三角形。

» 绘制三角形是为了实现折叠效果。

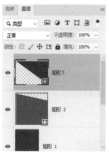

＊ 若在拟删除锚点的图形上找不到锚点，可选择"直接选择工具" ▷，并在图形上单击，即可显示锚点。

07 选择"钢笔工具" ⌀，绘制一个异形图形，然后按快捷键Ctrl+Enter使图形形成选区，填充为暗红色（R:116，G:30，B:33）。将鼠标指针置于两个图层中间并按住Alt键单击，此时不规则图形会生成剪贴蒙版效果，按快捷键Ctrl+D取消选区，将其制作成阴影效果。

» 确保异形图形所在图层位于矩形所在图层的上方。

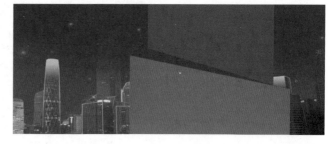

08 选择"钢笔工具" ✐ ，绘制一个黑红色（R:114,G:23,B:27）的三角形，按照前面的方法制作剪贴蒙版效果。

» 确保三角形所在图层位于前一个三角形所在图层的上方。

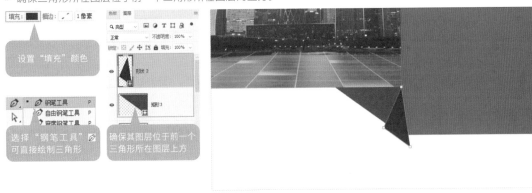

09 选择"横排文字工具"**T**，在属性栏中设置字体为"苹方，特粗"，字体大小为"152点"，在画布中输入标题文字。
修改字体大小为"92点"，在画布中输入修饰性文字。修改字体为"苹方，常规"，字体大小为"38点"，在画布中
输入分项文字。

» 添加封面文字时，
要保证内容主次分
明，排布疏密有致。

10 选择"自定形状工具" ✿ ，在属性栏的"形状"下拉面板中选择合适的图标，在画布中进行拖曳操作，制作分项文
字的装饰元素。

» 注意所使用的图标要符合商业计划书封面分项文字内容的调性。

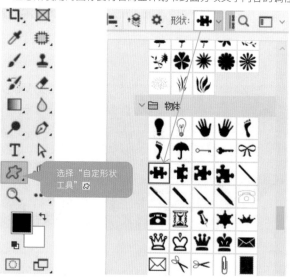

11 选择 "移动工具" ⊕，对文字进行 "水平居中对齐" ♣ 和 "垂直居中对齐" ♣ ，优化版面视觉效果。

» 对齐排布的文字可以使画面显得更专业。

12 目录页制作。

» 沿用封面中的元素，利用与制作封面类似的方法制作目录页。

13 分项页制作。

» 沿用封面中的元素，利用与制作封面类似的方法制作分项页。

14 内容页制作。

» 内容页忌讳大段的文字，大段文字容易使浏览者感到枯燥。可根据内容需要，适当配以图表、图形等元素，丰富内容页的视觉效果。

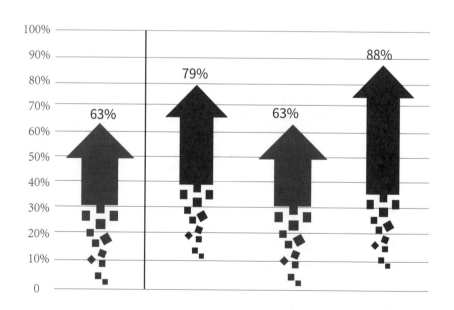

知识拓展：商业计划书的基本构成

　　制作商业计划书前，一定要先想好大纲。将想表达的文稿整理好，再进行视觉设计，避免后续在已定稿的商业计划书上改来改去。然后根据自身所处的行业，下载与该行业属性相关的商业计划书模板。一般情况下，一个商业计划书模板会包罗可能涉及的各方面内容，所以要根据实际情况对下载后的模板进行删改和调整。

　　商业计划书包括封面、目录、分项页、内容页。做好内容组织和呈现设计，有利于推动工作的开展。

　　制作商业计划书的封面时，要求标题醒目、主要分项突出、背景简单，同时确定好主色调。

　　商业计划书的目录相当于内容索引，制作时要求沿用主色调，同时确保分点清晰。

　　商业计划书的分项相当于各部分内容的首页，版面元素要延续前面的风格，同时信息点简明扼要，并辅以简单装饰。

商业计划书的内容页相当于各部分内容的承载页面，版面同样要求延续前面的风格，内容简洁明了，并讲究图文并茂。

商业计划数据

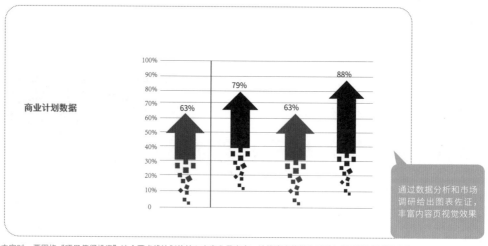

通过数据分析和市场调研给出图表佐证，丰富内容页视觉效果

＊ 组织商业计划书内容时，要围绕"项目值得投资"这个要点将计划的核心内容凸显出来，让投资者能够及时并充分了解计划书的亮点。

任务发布

请完成相关练习。

1. 根据自己的项目需要，找到合适的商业计划书模板。

2. 结合自身实际情况，按照本章所讲的方法制作一份优质的商业计划书。

05

第 5 章

Photoshop 之

求职简历

应用方法与技巧

- 学前了解
- 巧用反白图标形式制作简历头部
- 巧用文字分级形式制作简历

CHAPTER 05

学前了解

需求解析

简历，顾名思义，就是对个人学历、经历、特长、爱好及其他有关情况所作的简明扼要的书面介绍。无论是刚步入职场的新人，还是在职场中摸爬滚打数年的员工，要想获得工作机会、得到晋升，需要通过简历这一载体来展示自己的能力和经验。

简历是职场人士的表现文体之一，在求职面试中影响着一个人的价值。

在实际工作场景中，工作经历、业绩等便是简历的变体，为创作者在职场中的发展背书。

在学术演讲、工作分享、技能培训等场合，演讲者一般会进行自我介绍，内容包括自己在相关领域的能力和取得的成绩等。这时演讲者就需要提取个人简历中的精华，再进行内容提炼和语言转换。

面试文件

作者介绍

演讲介绍

操作方法

◎ 简历以文字形式为主，容易使他人在阅读时产生疲劳，所以需要尽可能将主要文字分级处理，以便利用Photoshop为标题性文字配以图形、图像等元素，增加可读性。

◎ 简历用于向他人展示自己，所以需要进行合理的图文排版，使人有兴趣阅读，进而对应聘者产生兴趣。

◎ 简历设计要有统一的配色，并做好清晰的标示以引导识读。

注意事项

◎ 在浏览简历时，招聘者关心的是应聘者是否可靠。因此简历设计不能过于花哨、轻浮，以免影响招聘者的判断。

◎ 因时间有限，招聘者在阅览简历时不可能充分阅读所有内容。所以在对内容进行排版时，要将重要信息前置。

巧用反白图标形式制作简历头部

　　头部是简历中较为重要的部分，很可能直接决定招聘者对应聘者的第一印象。巧用反白图标配合文字进行排版，可以达到引导阅读的目的，从而让简历更具吸引力。

01 利用Photoshop对文稿内容进行加工。

» 　使用Word制作的纯文字简历会显得粗糙，与其他面试者的简历难以形成区别，因此有必要利用Photoshop对简历进行美化。

使用Word制作的简历效果

使用Photoshop制作的简历效果

02 新建一个"宽度"为"2480像素","高度"为"3050像素","分辨率"为"300像素/英寸"的画布。选择"横排文字工具" **T**，在画布中输入简历文案，使文案呈左对齐排布。

» 此时可见，简历的头部和正文无主次关系。

03 选中文字，设置字体颜色为蓝色（R:23,G:42,B:78），并将文案分层、分级排布。

» 为了丰富排版效果，鉴于"苹方"系列字体有6种粗细样式，可选择的余地较大，所以可选用"苹方"系列字体。对文案进行分层与分级排布的依据是文案本身的语义和性质，可据此适当增大文案的行间距，以体现文案层次关系。

04 选择"椭圆工具" ○，按住Shift键绘制一个圆形，然后填充与文案一致的颜色，并将其置于分项文案前作为衬底装饰。

» 由于简历是严肃的职场文件，因此对其做任何修饰时，务必保证视觉效果的严谨性。如想为文案添加图形化元素，可以为同级文案添加尺寸一致的衬底装饰，以保证视觉效果的统一。

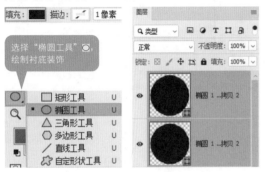

05 在素材网站下载一些合适的图标元素，将其拖曳放置到相应的圆形衬底上。选中所有图标图层，按快捷键Ctrl+G对其建组，然后选中该组，单击"图层"面板底部的"添加图层样式"按钮fx，打开"图层样式"对话框，将颜色更改为白色（R:255，G:255，B:255）。此时，组内所有图标均可快速呈现反白效果，反白图标制作完成。调整图标位置，使其在圆形衬底上居中对齐。

» 一般情况下，为了在视觉上体现主要文案的重要性，可以对其配以图标修饰，同时也能丰富排版效果。

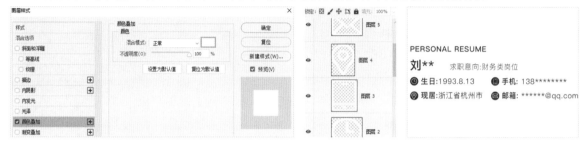

06 在画布中置入一张个人照片作为简历照片。

» 置入照片后，观察照片效果，如果不理想，可通过"滤镜"菜单栏中的"液化"功能等进行必要的修整。

07 优化效果对比分析。

» 优化前的简历头部层级感较差，信息不够突出。借助Photoshop对其进行有层次、有结构的图文排版，可以令招聘者耳目一新。

PERSONAL RESUME

刘 **　　求职意向：财务类岗位

生日：1993.8.13　手机：138********

现居：浙江省杭州市

邮箱：******@qq.com

优化前的简历头部

PERSONAL RESUME

刘**　　　求职意向:财务类岗位

🕐 生日:1993.8.13　　📱 手机: 138********

📍 现居:浙江省杭州市　　✉ 邮箱: ******@qq.com

优化后的简历头部

知识拓展：教你4招搞定面试沟通

下面给大家介绍4招面试技巧，助你顺利通过面试。

① 面试前做好充分准备，做到有备无患，临阵不乱。

② 仔细聆听招聘者的问题，做到三思而后答。

③ 留足进退的余地，做到随机应变。

④ 摆正态度和立场，做到委婉而机敏。

巧用文字分级形式制作简历

通过对简历中的标题文字、内容文字进行分级组织，制作条理清晰的基础简历模板。

01 根据自我需要，确定简历版式和效果。

» 不同版式的简历可以突出求职者的不同方面，设计前要根据具体情况选择合适的版式。

✳✳✳

籍　　贯 : 扬州
求职意向 : 销售经理
现 居 地 : 上海
出生年月 : 1995.09
政治面貌 : 团员

联系方式

186 ✳✳✳✳ ✳✳✳✳
✳✳✳✳@qq.com

技能证书

语言能力 :
■ 大学英语四级证书
■ 普通话水平二级甲等证书
■ 普通话流利
■ 具有良好的沟通表达能力
计算机能力 :
■ 全国计算机二级证书
■ 熟练掌握 Word、Excel、PPT 等日常办公软件

兴趣爱好

■ 游泳、篮球、羽毛球
■ 摄影、户外运动

> 适用于毕业生的年轻、活力型简历模板

📖 毕业院校

2011.9–2015.6　　　　✳✳✳✳ **大学**

营销学专业　　　　　　本科

主修课程 : 西方经济学、会计学基础、税法、成本会计、财务会计、会计电算化、中级财务管理、审计、税务学等。

🗓 工作经验

2015.07 ～ 2015.08　　✳✳✳✳✳✳ 公司　　　销售实习生
■ 快速学习收藏专业知识与行业动态，跟随销售主管学习销售话术和销售技巧 ;
■ 每天拨打电话约 100 条。及时发现客户的潜在需求，根据客户的需要为客户推荐藏品 ;
■ 与多家大客户建立并保持良好的关系，并连续两个月获得月度销售亚军。

2014.07 ～ 2015.07　　✳✳✳✳✳✳ 公司　　　兼职销售
■ 在门店销售 ✳✳ 品牌的计算机产品，为顾客做产品介绍、性能讲解，并答疑解惑 ;
■ 每天工作 8 个小时，日销售额 10000 元，超额完成销售指标，并完成领导布置的其他任务。

🏅 荣誉奖励

■ 2013–2015 年连续两年获得校奖学金一等奖
■ 2015 年获"优秀毕业生"称号
■ 2014 年校演讲比赛优秀奖
■ 2012 年度三等奖学金
■ 2012 年度"学习积极分子"称号

> 突出在校期间各项荣誉和能力的表达

👤 自我评价

■ 1 年协会秘书长经历，1 年组织委员经历，多次策划组织活动经历，专业成绩优秀 ; 具备较强学习能力和适应能力，有团队精神，能快速融入新团队 ;
■ 有销售相关实习经历，熟悉销售工作流程，能准确发现客户潜在需求并有针对性地销售 ; 能胜任高压力的销售工作。

PERSONAL RESUME

求职意向:软件开发工程师

个人信息

姓名:数艺设
出生年月:1995年2月
毕业院校:北京**大学

电话:183********
邮箱: ****@qq.com
微信:XXXXX

教育背景

2015/9-2019/7   北京**大学 计算机科学学院本科
2017/9-2018/9   软件开发培训

工作经验

2018/12-2020/12   **北京****公司**   **软件开发工程师**

MES系统PC端软件开发

数据维护，MES系统主数据库Oracle数据库维护

2018/2-2018/12   **北京****公司**   **软件开发工程师**

MES系统PC端软件开发

数据维护，MES系统主数据库Oracle数据库维护

突出工作经验和
职场履历的表达

掌握技能

语言：英语六级

专长：熟悉C++、Java，精通数据库

软件：熟悉Web、Harmony OS、Android开发

办公：熟练使用Office办公软件、Adobe图形图像软件

自我评价

本人有扎实的软件开发基础知识，有责任心，能保质保量地按时完成工作。乐于钻研专业知识，
接受新技术。有良好的适应能力和协调能力。

适用于有一定工作经验
的履历型简历模板

02 新建一个"宽度"为"210毫米","高度"为"297毫米","分辨率"为"300像素/英寸"的画布。将简历文案粘贴到画布上，并使文案呈左对齐。

» 无论自身情况、拟应聘的岗位情况如何，且无论选用哪种简历版式，简历必备的内容（如个人信息、工作经验等）必须有所体现，且要以突出的方式展现出来。

PERSONAL RESUME
求职意向 : 软件开发工程师

个人信息
姓名 : 数艺设
电话 :183********
出生年月 :1995 年 2 月
邮箱 : ****@qq.com
毕业院校 : 北京 ** 大学
微信 :XXXXX

教育背景
2015/9–2019/7
北京 ** 大学 计算机科学学院本科
2017/9–2018/9
软件开发培训

工作经验

2018/12–2020/12
北京 **** 公司 软件开发工程师
MES 系统 PC 端软件开发
数据维护，MES 系统主数据库 Oracle 数据库维护

2018/2–2018/12

北京 **** 公司 软件开发工程师
MES 系统 PC 端软件开发
数据维护，MES 系统主数据库 Oracle 数据库维护

掌握技能

语言 : 英语六级
软件 : 熟悉 Web、Harmony OS、Android 开发
专长 : 熟悉 C++、Java, 精通数据库
办公 : 熟练使用 Office 办公软件、Adobe 图形图像软件

自我评价

本人有扎实的软件开发基础知识，有责任心，能保质保量地按时完成工作。乐于钻研专业知识，接受新技术。有良好的适应能力和协调能力。

未分级文字简历的效果

03 调整标题文案与内容文案的字体与字号，对简历信息做层次划分。

» 确定好标题文案后，要根据标题文案和内容文案之间的关系，对整个简历进行二次排版。

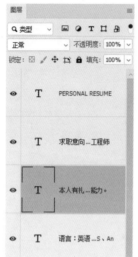

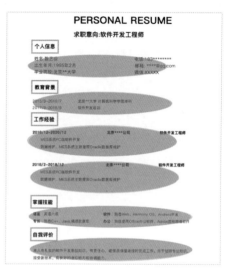

04 将下载的图标素材置入标题文案前并对齐，然后为简历添加照片、装饰条、分隔条等元素。

» 这里照片、装饰条、分隔条等元素的添加和处理，可以参考借鉴前文讲解的相关操作方法。

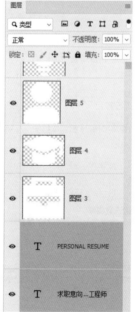

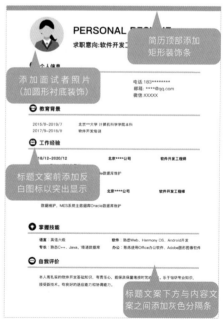

05 优化效果对比分析。

» 优化前的文案信息层级不明显，视觉观感较差。借助Photoshop对纯文字版简历进行图文排版，可以让简历信息层次感明显，且看起来更正式和专业。

优化前的简历

PERSONAL RESUME
求职意向:软件开发工程师
个人信息
姓名:数艺设
电话:183********
出生年月:1995 年 2 月
邮箱：****@qq.com
毕业院校:北京 ** 大学
微信:XXXXX

教育背景
2015/9–2019/7
北京 ** 大学 计算机科学学院本科
2017/9–2018/9
软件开发培训

工作经验

2018/12–2020/12
北京 **** 公司 软件开发工程师
MES 系统 PC 端软件开发
数据维护，MES 系统主数据库 Oracle 数据库维护

2018/2–2018/12

北京 **** 公司 软件开发工程师
MES 系统 PC 端软件开发
数据维护，MES 系统主数据库 Oracle 数据库维护

掌握技能

语言：英语六级
软件：熟悉 Web、Harmony OS、Android 开发
专长：熟悉 C++、Java，精通数据库
办公：熟练使用 Office 办公软件、Adobe 图形图像软件

自我评价

本人有扎实的软件开发基础知识，有责任心，能保质保量地按时完成工作。乐于钻研专业知识，接受新技术。有良好的适应能力和协调能力。

PERSONAL RESUME
求职意向:软件开发工程师

个人信息

姓名:数艺设	电话:183********
出生年月:1995年2月	邮箱:****@qq.com
毕业院校:北京**大学	微信:XXXXX

教育背景

2015/9–2019/7　　北京**大学 计算机科学学院本科
2017/9–2018/9　　软件开发培训

工作经验

2018/12–2020/12　　　　　　北京****公司　　　　软件开发工程师
　　MES系统PC端软件开发
　　数据维护，MES系统主数据库Oracle数据库维护

2018/2–2018/12　　　　　　北京****公司　　　　软件开发工程师
　　MES系统PC端软件开发
　　数据维护，MES系统主数据库Oracle数据库维护

掌握技能

语言：英语六级　　　　　软件：熟悉Web、Harmony OS、Android开发
专长：熟悉C++、Java，精通数据库　　办公：熟练使用Office办公软件、Adobe图形图像软件

自我评价

本人有扎实的软件开发基础知识，有责任心，能保质保量地按时完成工作。乐于钻研专业知识，接受新技术。有良好的适应能力和协调能力。

优化后的简历

知识拓展：简历信息的五大构成

简历必须包含的5点内容如下。

简历中的内容必须围绕应聘岗位有目的性地展开，提前选择合适的内容放入简历。简历信头、基本信息、教育状况、工作经历、整体总结是简历的五大构成模块，应聘者将希望呈现的内容分层次、有目的地整理好后，要根据应聘岗位的特点嵌入具体模块，达到精准投放的目的。

任务发布

请完成相关练习。

1. 根据自己所在行业的特点，找到合适的简历模板。

2. 结合自身实际情况，按照本章所讲的方法，制作一份属于自己的简历。

06

第 6 章

Photoshop 之

公众号运营

应用方法与技巧

- 学前了解
- 巧用色彩置换方法制作公众号头图
- 巧用文字替换方法制作公众号主图

学前了解

需求解析

公众号头图是引导用户关注并点击的图片，在公众号排版和设计中不可或缺。一个设计良好的头图可以帮助公众号的运营者建立一个正面的品牌形象，是达到品牌宣传目的的重要手段。

一些促销活动、营销热点可以直接通过公众号告知用户。有较强信服力的公众号，可以在用户心中树立一个权威的形象，从而得到较好的用户转化率。

公众号的运营者可利用粉丝对创作者的黏性和好感实现变利、变现，使公众号从流量入口向变现工具转化。

品牌宣传

产品销售

变利、变现

操作方法

◎头图的主要目的是吸引眼球。在信息流中，标题再好，可能都不如图片吸引眼球。一篇公众号文章的阅读量在很大程度上取决于头图，包括头图的效果和质量。制作头图时通常要选高清图，但有些图片可以适当制造神秘感，模糊反而更能吸引人点击。

◎头图不一定要惊艳四座，但要符合公众号一贯的风格，让受众看到图片就能知道相应的公众号，由此彰显公众号的影响力。

◎可以在头图中融入公众号的名称或品牌词，包括行业排名、发展潜力等。图片主要内容和底图制作出较好的"留白"效果，可以使公众号看起来"上档次"。

◎公众号不仅要头图吸引人，而且要合理搭配主图和配图，这样二次传播的效果更好。

注意事项

◎制作头图、主图前，要先锁定公众号发文热点，配图要清晰、明确。

◎在视觉层面上，要选择合适的素材，尤其是有视觉张力的素材。

◎设计完成的头图、主图，要预先浏览测试，以保证效果。

巧用色彩置换方法制作公众号头图

　　头图相当于公众号的"门面"，用以引导用户点击并浏览公众号文章。通过Photoshop色彩置换方法，将已有素材与公众号文章进行匹配，可以快速制作出公众号头图。

01 在素材网站中选择一款合适的头图模板进行下载。将素材模板置入Photoshop中，按快捷键Ctrl+J原位复制"背景"图层，此时在"图层"面板中会生成"图层1"。选择"图层1"，执行"图像＞调整＞替换颜色"命令，打开"替换颜色"对话框。

» 这里对新拷贝的"图层1"进行背景色替换，是为了和原素材"背景"图层效果做对比。

02 打开"替换颜色"对话框后，鼠标指针会变为"吸管工具" ✐ 状态，在素材的背景处单击，吸取需要被替换掉的背景色，该颜色会以缩览图的形式出现在"替换颜色"对话框中的"颜色"处。单击"替换颜色"对话框右下方的颜色缩览图，打开"拾色器（结果颜色）"对话框，选择需要的颜色后，单击"确定"按钮 🔲 完成操作。

» 注意吸取的颜色和新替换的颜色所显示的位置。

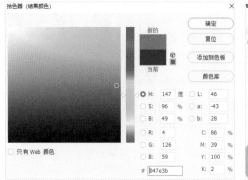

03 调节"替换颜色"对话框中的"颜色容差"参数，解决画面中的斑驳效果问题，这里设置"颜色容差"为200（最高值）。可以看到，画面中的斑驳效果问题得到明显改善。

» 在实际操作中，针对不同的斑驳效果问题，可以设置不同的"颜色容差"参数来解决。

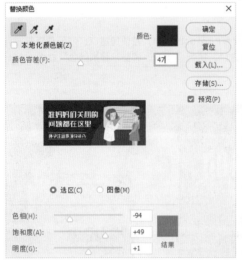

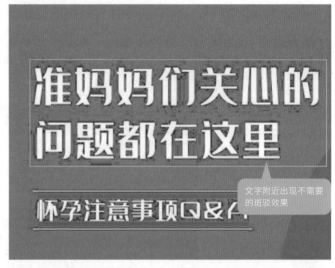

文字附近出现不需要的斑驳效果

调节"颜色容差"参数到最高值

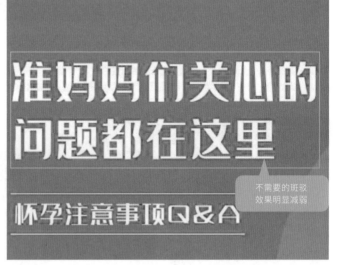

不需要的斑驳效果明显减弱

04 继续调节"替换颜色"对话框下方的"饱和度"参数，彻底消除斑驳效果，这里设置"饱和度"为100。若细微处还有颜色问题，可选择"多边形套索工具"，选取需要调整颜色的区域，再用"吸管工具"吸取新替换的颜色至前

景色，然后按快捷键Alt+Delete填充颜色，即可彻底修复画面效果。

» 调节参数时，可通过观察工作区中的画面效果变化，确定具体参数的数值，直到效果满意为止。

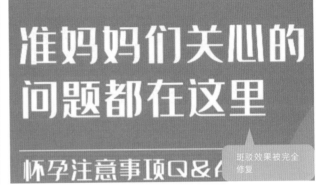

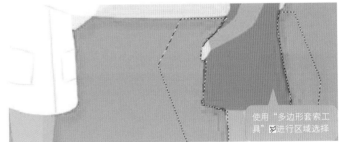

05 替换颜色效果展示。

» 对画面中的部分颜色进行替换，可以快速将头图调整为与公众号实际需求相符的效果，以达到使用要求。

知识拓展：两步生成二维码关注尾图

下载二维码关注尾图相关模板，利用Photoshop替换二维码，制作自己的尾图。

综合排序　热门下载　最新上传

可商用 关注二维码引导关注绿色简约关注二...

可商用 红色牛年中国风公众号二维码

可商用 喜庆牛年二维码金牛红色简约关注二...

可商用 公众号头像白色卡通关注二维码

可商用 公众号女孩黄色卡通关注二维码

可商用 扫码关注儿童教育公众号蓝色卡通关...

可商用 关注二维码几何紫色简约公众号

可商用 关注二维码女孩黄色卡通关注二维码

可商用 扫码关注秋季橙色公众号关注二维...

可商用 公众号时钟绿色卡通关注二维码

可商用 公众号二维码关注蓝色卡通关注二维码...

可商用 扫码关注扫码蓝绿渐画关注二维码

可商用 精致食饮白色手绘关注二维码

可商用 红色牛年中国风公众号二维码

＊ 公众号的二维码可在网页版微信公众平台的"公众号设置＞账号详情＞二维码＞下载二维码"中下载获取。

巧用文字替换方法制作公众号主图

在为公众号配图的过程中，主图素材往往存在文不对题的情况，这时可以利用Photoshop将主图素材中的文字按需替换。

01 在Photoshop中打开素材图，选择"多边形套索工具"，套取需要替换的文字区域，生成闭合选区。

» 在实际操作中，可根据需要替换的部分选择合适的选区工具。

将需要的图片素材置入Photoshop

选择"多边形套索工具"，连续单击生成选区

	套索工具	L
	多边形套索工具	L
	磁性套索工具	L

02 选择"吸管工具" ✐ ，在素材的背景色上单击，吸取背景色为前景色，然后按快捷键Alt+Delete将该颜色填充至选区内，此时需要替换的文字被覆盖，按快捷键Ctrl+D取消选区。选择"横排文字工具" **T** ，设置字体为"方正兰亭特黑_SC"，字体大小为"98点"，字体颜色为褐色（R:79,G:9,B:9），在画布中添加主题文案。

» 注意文字的颜色需要与图片的整体色调一致，字体和字号也要合适。

03 文字替换效果展示。

» 借助Photoshop替换文字，可以快速将主图素材调整为与公众号实际需求相符的效果，以达到使用要求。

文字替换前
的主图效果

文字替换后
的主图效果

知识拓展：关于文章序号配图的使用

　　头部公众号的文章之所以看起来正规、吸引人，是因为内容和结构都利用文章序号配图进行了有机分隔，实现了专业化设计。在素材网站上选择一款序号配图模板进行图文编辑，可以有效增加公众号文章的专业性和逻辑性。

＊ 公众号配图的文字要够大，同时尽可能居中放置，这样文章被转发后，在正方形缩览图状态下能被有效识读。

任务发布　🔍

请完成相关练习。

1. 使用 Photoshop 将下载的头图素材进行颜色替换，并根据需要进行二次配色，便于在公众号中应用。

2. 以你的公众号内容为出发点，利用素材进行修改完善，制作一张精美的公众号头图吧！

07

第 7 章

Photoshop 之

职场朋友圈

应用方法与技巧

- 学前了解
- 巧用图像变形功能美化微信朋友圈内容
- 巧用样机素材制作产品烫金效果
- 巧用帧动画制作动态表情包
- 巧用液化滤镜和污点修复画笔美化人像
- 巧用画笔工具制作浪漫心形装饰效果
- 巧用图像合成方式制作趣味人像

CHAPTER 07

学前了解

需求解析

在新媒体时代，朋友圈是对外进行自我宣传和推广的重要工具，有人对朋友圈进行精心打造，为自己的生活或工作带来了意想不到的回报。而就朋友圈这种"文字+配图"的一般表现形式而言，配图的质量和内容直接决定了一个朋友圈的品质，因此有必要通过合理规划和设计来打造一个良好的动态空间。

在需要有一定资本和工期投入的项目中，决策者往往难以直观地感受到预期的项目落地后会呈现怎样的效果，而通过合理利用样机快速打造物料呈现结果，可以帮助决策者对项目做出价值判定，同时也能帮助设计师引导客户投入某一项目。

对于社交账号头像、社交平台的内容呈现，以及职场的工作照等场景来说，人像的美化操作十分常见。借助Photoshop对人像进行色彩和色调处理、瑕疵修复等操作，可以更好地展现自身面貌。

朋友圈

效果展示

人像美化

操作方法

◎利用Photoshop的扭曲功能制作Logo配图效果时，要着眼于配图素材本身的透视关系和质地，调整扭曲的角度、方向、尺度等，以保证视觉效果的一致性。

◎为既定Logo应用样机前，要保证其完整性和清晰度，尤其注意边缘是否模糊、内部是否有未抠取的非镂空结构等，在确认无误的基础上再制作。

◎制作GIF动画时，要确保各关键帧的布局精练、有效，不能将动图效果制作得过于冗长。

注意事项

◎具有营销性质的朋友圈往往呈图文结合的表现形式。在实际操作中，要力求图文匹配。

◎注意配图的质量，尽可能准确贴合文字所要表达的含义。

巧用图像变形功能美化微信朋友圈内容

利用Photoshop图像变形功能，可以将标识或Logo添加在合适的物件上，并通过朋友圈进行宣传。

01 朋友圈内容规划。

» 要想制作一条高品质的朋友圈，首先要规划它的内容和形式。比如在朋友圈宣传人民邮电出版社有限公司旗下"数艺设"的品牌，可以将公司提供的专属下午茶作为内容点展开，在餐盘上体现"数艺设"的品牌标识，再把照片地点定位在邮电出版大厦餐厅。

预期达成的效果图

02 在Photoshop中打开
需要编辑的照片和数
艺设标识文件。在数艺设标识
文件的窗口，按快捷键Ctrl+A
全选，再按快捷键Ctrl+C复制
标识。

» 在商业应用场景下，要先获
得授权，再使用已被注册的品
牌标识和Logo。

全选后图片边缘会
出现"蚂蚁线"

03 在需要编辑的照片窗口，按快捷键Ctrl+V粘贴标识，然后按快捷键Ctrl+T调出自由变换框，拖曳并调整标识位置，
使其与餐盘贴合。

» 自由变换功能相当于旋转功能。

注意标识的位置

04 在标识上单击鼠标右键，选择"变形"选项，然后拖动控制点进行变形。

» 要根据餐盘的角度和方向设置标识变形效果。该功能普遍适用于各种需要透视效果的场景。

准备变形

注意与餐盘的
弧度保持一致

05

按Enter键确定变形后的效果，并在"图层"面板中将图层混合模式改为"正片叠底"。

» "正片叠底"是一种图层混合模式，位于图层混合模式的"变暗"模式组中，可快速去除图片的白底。

通道　图层

类型

正常
溶解

变暗
正片叠底
颜色加深
线性加深
深色

变亮
滤色
颜色减淡
线性减淡（添加）
浅色

叠加
柔光
强光

在下拉列表中选择
"正片叠底"选项

数艺设

⊙ 邮电出版大厦

1分钟前　删除

朋友圈的
浏览效果

巧用样机素材制作产品烫金效果

　　样机是一种展示设计结果的模板，可以用来制作逼真的效果图。在设计领域，可借助样机直观展示产品形象，节省传统样品的物料制作、邮寄等复杂工序，高效呈现设计结果。

01 烫金Logo效果规划。

» 准备一张带Logo的图片，尽可能是白底。在Photoshop中将图片背景删除，并存储为PNG格式的透底图。使用样机文件将透底图置入样机的替换图层，形成烫金Logo效果。

预期达成的效果图

02 在Photoshop中打开Logo文件。

» 确保文件背景颜色单一，以便抠取。实际操作时，尽可能选用细节丰富的图片素材，且素材必须是镂空的PNG格式。配图要有一定调性，与所用效果相呼应。

03 选择"魔棒工具" ，在画面左上角空白处单击，可在画布上形成部分选区。按快捷键Shift+Ctrl+I进行反选，并原位复制，形成透底图。

» 确保透底图边缘光滑、无杂色。

单击后图片上会出现"蚂蚁线"

关闭"背景"图层后，可见透底效果

04 如果Logo内部残留白底，则继续使用"魔棒工具" ，按住Shift键再次点选，进行选区添加。

» 按Delete键删除添加选后的白底，完成整个Logo的抠取。

注意细节，有条不紊

05 在Photoshop中打开烫金样机，双击样机编辑图层的缩览图可编辑该样机。

» 注意是双击缩览图。若双击图层名称，则会进入图层名称编辑状态。

06 双击样机编辑图层后会自动打开PSD文件，将抠取好的Logo透底图贴于该处以替换原样机Logo。

» 完成操作后，按快捷键Ctrl+S进行保存，关闭PSD文件。

07 单击样机文件选项卡，回到样机文件，可见Logo被替换成烫金效果，完成操作。

» 若在PSD文件中输入文字，存储后也可生成文字的烫金效果。

巧用帧动画制作动态表情包

动态表情包，即通过GIF将静止帧连续循环播放的动态图片效果，可用于微信和QQ等社交场景。

01 在Photoshop中打开素材图，选择"魔棒工具"，抠取素材并删除背景。

» 素材务必全部镂空、分层，以便制作单帧画面。每一帧的设置都要精准，以便把握视觉节奏。

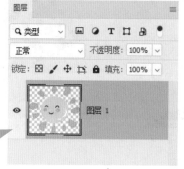

抠取素材并删除背景层后的效果

02 选择"椭圆选框工具"，选取太阳素材的圆形部分，按快捷键Shift+Ctrl+J分离图层。

» 分离图层后，可在"图层"面板中看到太阳的圆形与光芒被分离成不同的图层。

选中后图片上会出现"蚂蚁线"

03 在菜单栏中单击"窗口"，打开"时间轴"面板，选择"创建帧动画"选项后单击此选项，以生成第1帧，此时这一帧自动呈选中状态。

» 将"时间轴"面板拖动到底部，以便进行其他操作。可以对各个图层进行重命名，以便区分。

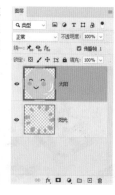

3D(D) 视图(V) 增效工具 窗口(W) 帮助(H)

将"时间轴"面板拖动到底部

04 单击"时间轴"面板底部的"复制所选帧"按钮，可在该面板中新建第2帧。

» "复制所选帧"指复制默认被选中的那一帧。

05 选中第2帧，同时选中"阳光"图层，按快捷键Ctrl+J原位复制该图层，生成拷贝图层。选中拷贝图层，按快捷键Ctrl+T调出自由变换框后，按Shift键即可将对象以15°为单位进行旋转。

» 具体的旋转角度可根据实际情况确定。

记得关闭上一图层

06 按照上一步方法制作第3帧。

» 最终的动画效果是"阳光"图层以15°为单位旋转角度进行旋转。

记得创建每帧前要关闭前面的副本图层

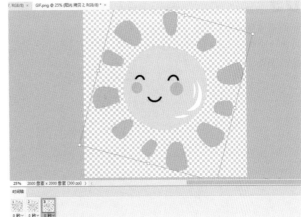

07 按照以上方法制作至第8帧，完成该表情包的静态帧制作。

» 根据不同的对象和动画效果，决定创建静态帧的数量。

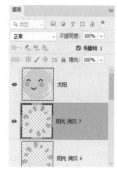

08 选中所有帧，单击单帧图下方的"0秒"，可统一调整每帧播放的延迟时间。本案例中，所有帧播放的延迟时间均设置为0.1秒。

» 根据不同的对象和动画效果，决定各帧播放的延迟时间。

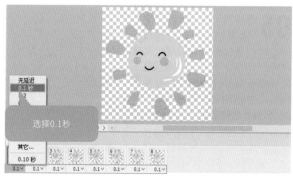

09 将"时间轴"面板底部的默认播放遍数由"一次"改为"永远"，一一开启每一帧对应的阳光图层，然后单击"播放动画"按钮 ▶，查看动画效果。

» 如果播放效果不理想，可重新设置每个静态帧的内容及播放的延迟时间。

10 执行"文件>导出>存储为Web所用格式"命令，打开"存储为Web所用格式"对话框。

» 这里也可按快捷键Alt+Shift+Ctrl+S打开"存储为Web所用格式"对话框。

11 在"存储为Web所用格式"对话框中，保持默认的GIF存储格式进行存储。

» 在打开的"将优化结果存储为"对话框中，选择该GIF动画存储的路径，单击"保存"按钮 保存(S) 完成操作。

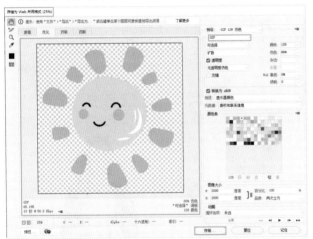

12 在计算机中找到动画的存储位置，打开文件后可观看动画效果。

巧用液化滤镜和污点修复画笔美化人像

在Photoshop中，可以使用"液化"功能调整人体形态，也就是常说的人像修图。

01 明确人像需要瘦身的位置。

» 根据人像素材的实际情况，明确需要调整优化的位置。

02 将图片在Photoshop中打开，按快捷键Ctrl+J原位复制，并执行"滤镜＞液化"命令，打开"液化"对话框。

» 使用复制的素材进行修复，方便完成后与原图进行对比。

对胸部及髋部线条不太满意

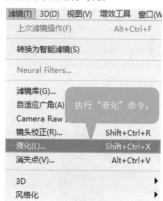

模特原素材 拷贝

复制素材

执行"液化"命令。

03 在"液化"对话框中选择"向前变形工具" ，在人像边缘处向内推动，对人像进行瘦身调节。选择"褶皱工具" ，对人像进行形体微调。两种工具需结合使用。

» 根据图片实际情况进行微调，切忌变形过度，导致人像失真。

04 选择"污点修复画笔工具" ，对皮肤上的斑点、伤痕、皱纹等小面积瑕疵进行处理。"污点修复画笔工具" 的使用方法与"画笔工具" 类似，只需调节好笔头大小，在污点上涂抹即可。

» "污点修复画笔工具" 可以智能识别斑点附近正常皮肤的质感并进行修复。

涂抹后，污点被修复

05 选择"修补工具" ，在黑眼圈处绘制选区，再将"修补工具" 光标移动到选区内，向完好的皮肤处拖曳，此时完好的皮肤将作为取样样本填充到需要修补的区域。

» 修补完成后，按快捷键Ctrl+D取消选区。

黑眼圈消失

巧用画笔工具制作浪漫心形装饰效果

使用"画笔工具" ✐ 制作浪漫视觉效果，为爱情助力。

01 在Photoshop中新建画布，选择"画笔工具" ✐，在画布上按需绘制一个心形，然后执行"编辑>定义画笔预设"命令，将绘制的内容定义成画笔。

» 在弹出的"画笔名称"对话框中，可以为画笔命名，然后单击"确定"按钮 _{确定} 完成操作。

02 在属性栏中单击"画笔设置"，调出"画笔设置"面板。选择"画笔笔尖形状"为"355"，设置"角度"为0°，"圆度"为100%，"间距"为10%，这样就能在画布中画出一连串的心形图像。

» "间距"即画笔绘制时的密度，通过设置该参数可以调整一定区间内的画笔内容数量。

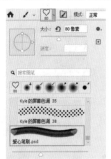

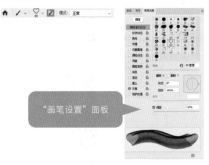

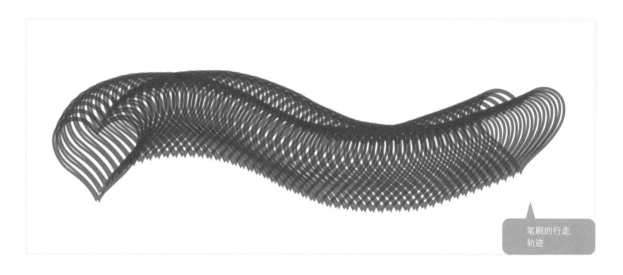

笔刷的行走轨迹

03 在"画笔设置"面板底部会显示当前画笔状态的预览效果，根据预览效果，调整相关参数。

» 在"画笔设置"面板中，左侧是列表式的选项栏，单击所需选项，即可调整各参数。例如当调整"角度"选项中的参数时，绘画时笔刷的角度会随之发生变化；当勾选"间距"选项并调整其参数时，画笔间距效果会随之变化；当调整"大小抖动"参数时，画笔的大小会随之变化；当调整"角度抖动"参数时，画笔的角度会随之变化；当调整"圆度抖动"参数时，画笔的圆度形状会随之变化。

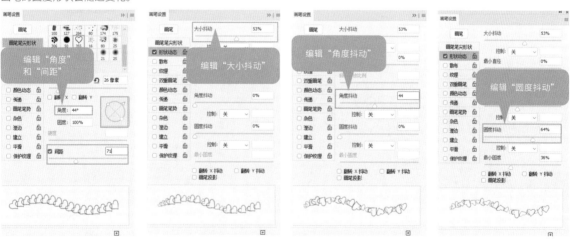

04 调整好画笔相关参数后，在Photoshop中打开素材图，选择合适的颜色在素材背景上进行绘制。

» 这里可以通过调整"散布"的百分比，使心形呈游离发散状排列，增加画笔绘制效果的随机性；调整"不透明度抖动"参数，可以随机调整笔刷的不透明度；调整"流量抖动"参数，并搭配"不透明度抖动"参数，可以控制笔刷不透明度的强度。

参数设置的同时，观察面板底部的笔刷效果

使用笔刷绘制时需要新建图层，便于修改

制作完成的效果

巧用图像合成方式制作趣味人像

运用图像合成方式为同事的照片加点"料"，活跃办公聊天氛围。

01 将需要加"料"的人像图片在Photoshop中打开，按快捷键Shift+Ctrl+X进入"液化"对话框，选择"膨胀工具" ◇ 将眼睛放大。

» 可以通过对人像进行夸张变形、搞怪拼接，以及对不同场景和元素进行异位合成实现趣味化效果。

单击眼睛变大

02 将棒棒糖素材置入人像图片，并调整至合适角度，选择"橡皮擦工具" ◆ ，擦除棒棒糖上多余部分，使其更为贴合。

» 棒棒糖被人物拿住的部分被手指遮挡，故需要擦除一部分手柄。

选择"橡皮擦工具"

擦除与手部重合部分的手柄

03 为睁大眼睛、手拿棒棒糖的人物配上尾巴等装饰物，并用彩旗、彩带碎片等元素装饰画面的背景。

将人像进行趣味化表现

任务发布

请完成相关练习。

利用一些有趣的素材合成图片并发给你的同事，活跃相处气氛，使同事关系更融洽！

08

第 8 章

职场设计杂识

- 图标制作之素材库
- 实现专业配色的工具网站
- 巧用颜色表进行专业配色
- 商业字体设计及拓展应用
- 巧用样机模板制作企业形象宣传图
- 头像加边框
- 几款实用的思维导图软件
- 更多素材网站介绍及应用思路分享
- 超实用的 Photoshop 快捷键大全

CHAPTER 08

图标制作之素材库

借助图标素材库可以提高设计效率，这里为读者整理出了一些方便、实用的图标资源网站。

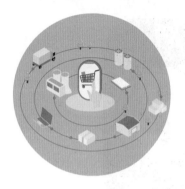

概念解析

优质的图标通常需要经过复杂的布尔运算完成，自行制作会花费大量精力，让人望而却步。大多数图标都可以在资源网站下载使用，可以为工作节省大量时间。

熟悉不同网站图标素材的分类和特点，可以帮助设计师在需要时快速找到合适的图标素材加以应用。

方法

◎首先根据设计稿的内容，特别是文字内容的意义，整理并归纳出需要匹配的图标的关键词，再根据整体设计风格确定图标样式。

◎在明确图标样式的基础上，在图标资源网站找到样式相符的图标，下载并应用于设计稿。

◎设计稿中的图标作为视觉元素，需要对其配色、线型等进行统一调整，使其达到使用需求。

要点

◎图标资源网站一般都有明确的主题风格，要根据作品的特点选择相应的资源网站。

◎搜索图标时，直接用文案作为关键词不一定可以搜索到满意的结果，此时需要根据文案内容的意义延伸其他关联词再行搜索。

◎设计者不能将全部希望寄托于图标素材本身，还要通过Photoshop的相应功能对图标进行二次调整和优化，使之与画面整体效果相匹配。

图标的应用场景如下。

装饰文案

丰富背景

提升画质

应用技巧

图标一般匹配于设计稿中明确的内容对象，其含义必须与内容的意义相符。

当一件作品中同时应用较多图标时，务必让各图标元素在尺寸、颜色、线型等方面保持高度统一，以保证视觉效果的协调。

▶ Iconfont是由阿里巴巴集团打造的矢量图标搜索引擎，图标丰富，查找方便、快捷。

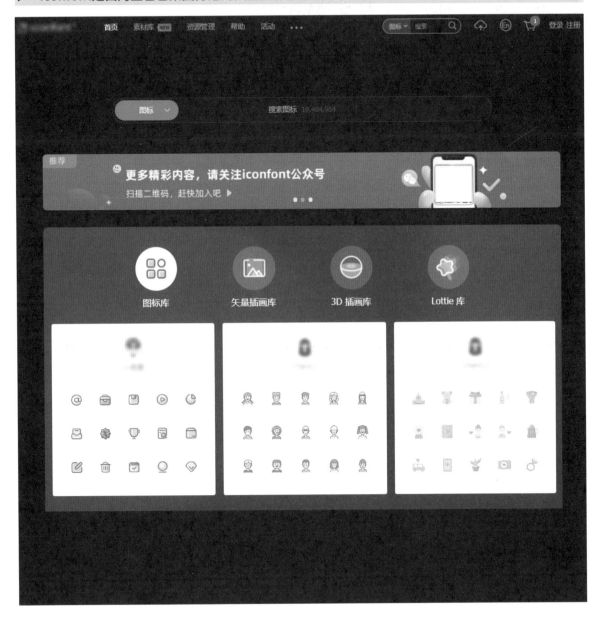

▶ ICONS8的特点是依据Apple、Google、Microsoft等系统最新的扁平化设计风格与指导原则来设计图标，用户可根据操作系统选择风格一致的图标素材。

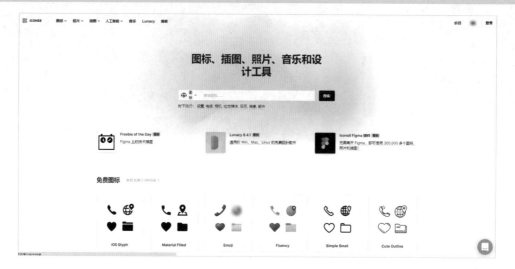

▶ FLAT ICON DESIGN图标网站以Q版风格的扁平化图标见长，适合年轻化风格的页面设计。

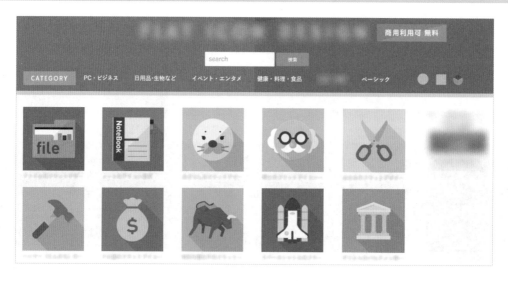

▶ flaticon的设计风格偏扁平化，图标内容非常丰富。

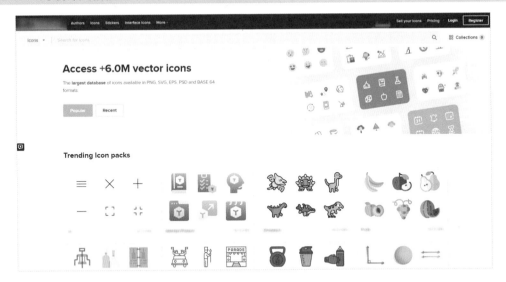

▶ 寻图·标的图标种类多样且非常新颖，适用于轻松、活泼的场景。

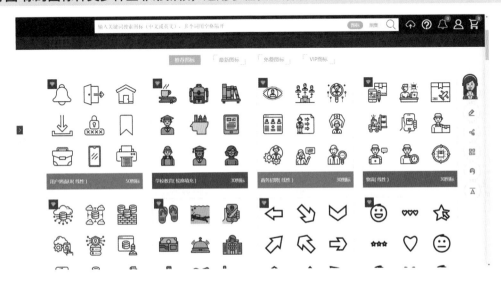

实现专业配色的工具网站

利用配色工具网站，实现专业配色。

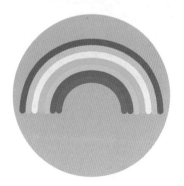

概念解析

优秀的视觉设计离不开专业的配色，而设计出专业的配色需要长期的经验。在工作中，为了快速实现专业配色效果，可以借助配色工具网站。

色彩是有感情的，通过合理配色，可以有效传达设计者希望表达的情感，从而起到画龙点睛的作用。

设计中，要结合自身的实际情况，利用不同配色工具网站的特点，将专业配色与自身需求高效结合。

方法

◎首先根据设计稿的内容确定使用的颜色，再通过查找专业的配色工具网站，找到相应的色彩类型及配色方案。

◎一些主题相对明确的设计稿，对设计结果整体调性的要求也比较高，需要通过查找专业的配色工具网站，找到合适的颜色，并加以应用。

要点

◎专业配色网站作为工具网站，以提供配色的数据化参考为基础，要求设计者在具体配色时，根据自身需求进行二次调整再应用，不能生搬硬套。

◎配色网站一般只提供配色解决方案，即解决色彩与色彩之间的搭配问题，而非提供配色的视觉落地方案。获得理想的配色方案后，关于颜色搭配比例、应用面积、颜色选择等具体问题，还需设计者权衡处理。

配色的应用场景如下。

丰富画面

塑造调性

表达情感

应用技巧

配色要符合设计的主题，不能为了配色而配色。配色时要全面考量设计需求，根据实际情况选择合适的配色方案。

进行设计时，首先要充分了解不同的专业配色工具网站的特点、配色方案的表现方式，然后有针对性地找到合适的配色方案来组织设计。

▶ Adobe Color是Adobe开发的专业配色网站，用户可以根据需要调整配色方案，方便实用。

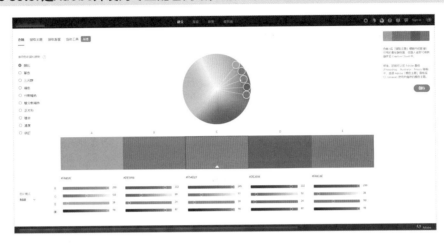

▶ 中国色配色网站提供专业的中国传统色配色解决方案，用户在设计中国传统风格的作品时可以选择使用。

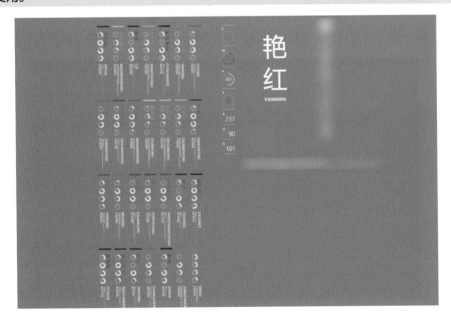

▶ **COLRD是一个国外专业配色网站，提供图稿专业色彩分析。**

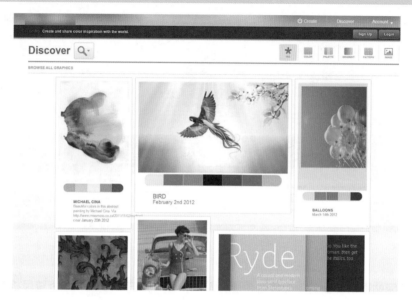

▶ **Color Explorer是国外流行的专业配色网站，具有色标卡选色等专业配色功能和色号查询功能。**

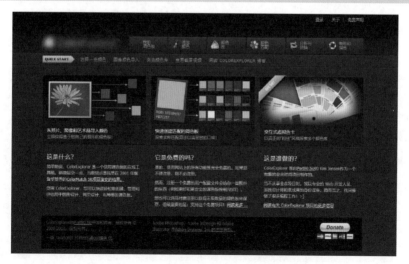

巧用颜色表进行专业配色

利用Photoshop颜色表对素材图片进行颜色提取，让配色不再困难。

概念解析

无论在职场还是生活中，都会遇到一种情况，需要将素材图中的颜色提取出来，为设计稿直接配色，此时就需要利用Photoshop颜色表功能，将素材图中的颜色存储成颜色表，再在Photoshop中调用颜色加以使用。

利用Photoshop颜色表功能提取颜色，主要应用在主题定调和Logo制作等对配色要求较高的场景中。

方法

◎首先找到有颜色提取价值的素材图，必要时可以在Photoshop中进行局部截取，再根据局部素材生成颜色表，并存储在Photoshop中，实现配色的取样。

◎存储后的颜色表被载入Photoshop的色板中，使用时要根据设计稿具体情况有针对性地选用颜色，制作出严谨、专业、多场景适用的配色方案。通过配色、受众的心理感知，以及衍生的各种色彩搭配规律，指导专业的配色工作。

要点

◎配色的元素叫作色彩，色彩的三要素分别是色相、明度和纯度（饱和度）。颜色表提取颜色就是Photoshop通过素材直接帮设计师解决色相、明度和纯度的配比关系。

◎任何色彩都是通过色相、明度和纯度这3要素控制并输出的，通过颜色表了解它们在原素材中的作用和它们之间的关系，有助于掌握配色的原理和秘诀。

◎专业的配色与色彩本身无关，而与色彩的应用场景有关，因此要通过颜色表，建立色彩与应用场景关联的意识。

专业配色的应用场景如下。

图标取色

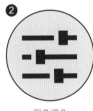

图像调色

平面配色

应用技巧

根据作品的实际需要，找好对标素材图。

对"借"来的颜色进行色彩搭配的检测，确保配色效果的专业性。

01 配色分析。

» 假设某公司的定位是随着时代变化动态发展的，要多元化激活自然生命力，其配色就应该是欣欣向荣的自然色。

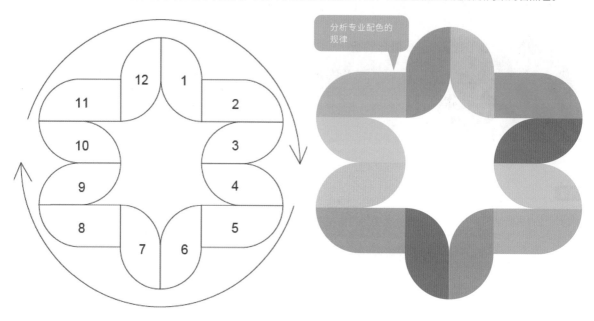

分析专业配色的
规律

02 根据Logo中想要表现的颜色信息，选择合适色调的素材。

» 结合"生命的成长升华"主题，可以用充满生机的色彩来演绎活力。

通过自然色调使
配色效果更生动

03 将素材图置入Photoshop中，执行"文件＞导出＞存储为Web所用格式"命令。

» 如果素材尺寸过大，可进行裁切，保留需要的部分。

执行"存储为Web所用格式"命令

04 在"存储为Web所用格式"对话框中，素材图中的颜色已被自动生成颜色表，单击"颜色表"右边的菜单按钮，并选择"存储颜色表"。

» 执行"存储颜色表"命令后，可打开"存储颜色表"对话框，单击"保存"按钮 保存(S) 完成存储。

单击打开下拉菜单

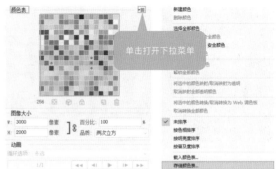

颜色表默认存储为
"Adobe颜色表文件"

颜色表

05 执行"窗口＞色板"命令，打开"色板"面板。单击"色板"面板右上方菜单按钮，选择"导入色板"。在打开的"载入"对话框中，选择文件类型为"颜色表"，然后选择存储的颜色表文件，单击"载入"按钮 载入(L) 进行载入。

» 注意要选择文件类型为"颜色表"，才能显示颜色表文件。

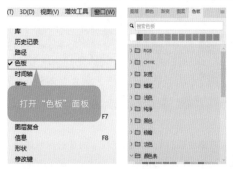

打开"色板"面板

单击打开下拉菜单

选择"导入色板"

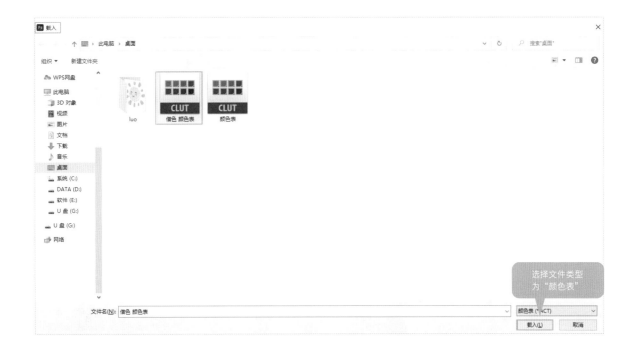

06 选择"自定形状工具" ✿绘制Logo。直接在属性栏中单击"填充"以打开"色板"面板，然后找到追加的颜色表。

» 颜色表中的颜色被追加在"色板"面板底部后，即可利用其为设计稿进行专业配色。

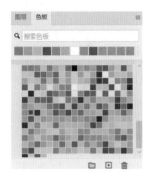

07 将色板中的颜色逐一吸取到设计稿中，即可达到"借"色目的。

» 此处Logo为对称图形，颜色也利用了对称原理进行排布。

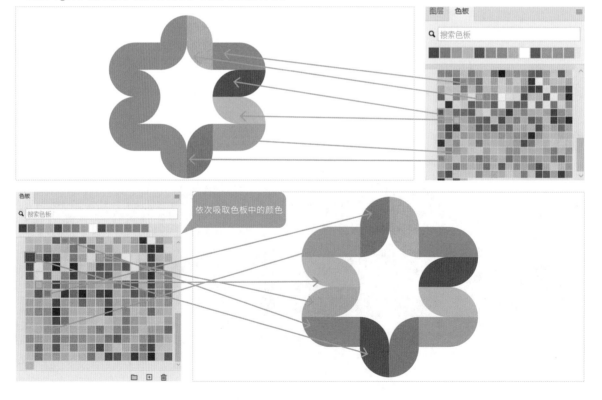

依次吸取色板中的颜色

商业字体设计及拓展应用

下载字体包丰富字体库，为文案添姿增彩。

概念解析

一份优秀的设计稿必然经历了良久的打磨，而字体设计则是打磨的重要部分。有了商业字体包，设计师能更方便地进行字体设计。

业内流行的商业字体包一般都是根据设计师的实际使用需求，对字体的结构进行二次重构并优化组合形成的，其本身就带有一定的美感和时代特征。读者可以巧妙地利用商业字体包的这一特点，将其运用到自己的设计中。

在更广泛的图文设计领域，拥有一套自己的字体包，可以为设计锦上添花。

方法

◎进行字体设计前，首先要分析需求，然后根据需求找到合适的商业字体包。

◎将从商业字体包中获取的灵感应用到自己的设计中，最后进行效果测试。

要点

◎设计要遵循视觉逻辑。有些设计作品的文案之所以有特色、不枯燥，主要是因为排版、字体等方面考虑得比较周全。

◎文字是构成文案的基础，要想提升文案的品质，就要尽可能将文案内容图形化或图像化，而借助商业字体包，能达到更好的效果。

◎有些商业字体是很有"性格"的，不同的字体架构可以体现不同的主题风格，为设计师助力。

商业字体设计应用场景如下。

文字排版

海报设计

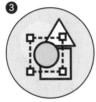

图文设计

应用技巧

下载字体包后，要全面分析各款字体的样貌和风格，确保设计时能快速找到合适的字体。

设计师不能完全依赖商业字体本身进行设计，要利用商业字体的优势，并在此基础上进行二次优化，使设计结果更符合需求。

01 设计需求分析。

» 字体设计是对字体结构和笔画进行重新排布而形成新的图形化字体的过程。

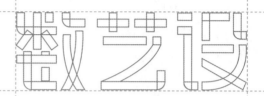

理想的字体设计需要经历参考选择、设计打磨等阶段

好的字体设计来自对字的变形与设计

02 厘清字体设计思路。

» 通过绘制思维导图，将所有想法写出来，比如设计一个标识需要考虑它的应用场景等问题。

03 斟酌视觉呈现效果。

» 就标识设计来说，要从应用平台的实际情况和特点出发选择字体。若平台突出的是"严选"这一主题，就要据此尽可能多地网罗字体样式，并斟酌选择。

尽可能多地选择
不同线型的字体

下载多种字体，
设计丰富文字

04 确立调性。

» 既然要突出"严选"的调性，就要优选视觉效果比较"正"的字体，而有尖锐边角的字体可以很好地体现"严选"的字意特征。这里笔者选用的是线条匀称适中的等线体。

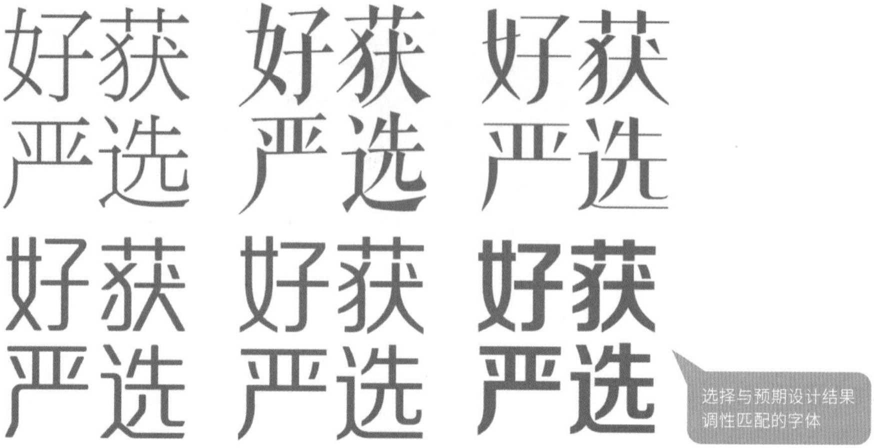

好获 好获 好获
严选 严选 严选

好获 好获 **好获**
严选 严选 **严选**

选择与预期设计结果
调性匹配的字体

05 进行视觉化设计。

» 选择出来的只是文字，不是标识，还要经过精密的图形化切割的方式，对文字进行连笔、断笔、甩笔等视觉化设计。

对文字对象进行
图形化编辑

好获
严选

精密的图形化切割是
设计的常用方法

06 小尺寸设计稿测试。

» 将制作完成的设计稿打印输出，在小尺寸的不同材质和媒介上测试应用效果，并及时做出调整。效果满意才可进入大尺寸设计稿测试阶段。

小尺寸物料的输出测试

07 大尺寸设计稿测试。

» 将经过小尺寸测试的设计稿制作成物料，测试标识在室内墙壁装饰、外墙立面装饰等不同场景中的应用效果。

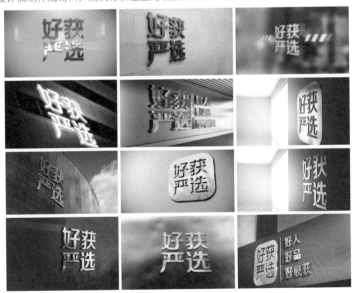

大尺寸场景下的视觉效果测试

＊ 本案例所选素材网站为千库网。

08 字体设计应用拓展。

» 设计好基础标识后，即可利用原型标识的构型、配色等要素进行相关拓展设计。

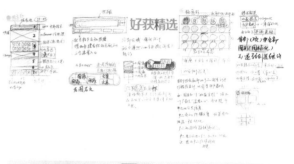

好抢购 00:88:66
抢好获 好收获

有好获
要挑剔 不放弃

获比三家
一家获 百家求

好获直播 LIVE >
撩主播 好获多

看收获 LOOK
你收货 我收获

每日好店
随我看 选神店

首页　　分类　　消息　　购物车　　我的

首页　　分类　　消息　　购物车　　我的

💡 巧用样机模板制作企业形象宣传图

选择合适的素材样机，利用Photoshop快速更换公司Logo，制作企业形象宣传图。

概念解析

公司形象由组织形象、产品形象、人员形象、环境形象、文化形象和社区形象等构成，良好的公司形象有助于提升公司的整体竞争力。

公司形象具体指人们通过公司的各种标志而建立起来的对公司的总体印象，是公司文化建设的核心。公司形象是企业精神文化的一种外在表现形式，需要被人为地设计后进行宣传，而样机模板是制作公司形象宣传图的良好工具。

方法

◎ 首先明确公司在形象外宣时的定位，确定以何种方式呈现公司何种气质，并以此作为选择样机模板的依据。

◎ 根据公司形象特征和定位需要，选择合适的模板嵌入公司Logo，生成效果图。

◎ 对比效果图与实际需求之间的差异并进行修改加工，达到使用需求后，再进行输出和宣传。

要点

◎ 根据公司实际条件，选择那些最终可落地的样机加以编辑，以保证样机效果与实际结果相符。

◎ 可用Photoshop更换公司Logo，采用这种方式制作宣传图成本较低，可选择多种不同风格的样式进行制作和展示，为领导确定方案提供更多选择。

样机模板的应用场景如下。

① 公司形象

② 产品发布

③ 外宣路演

应用技巧

选择视觉效果大气的样机模板。

若为公司年会做设计，可选择以红色为主色调的布景。

01 搜索样机。

» 在素材网站搜索"办公样机"，即可找到各类相关样机文件。

02 下载样机模板。

» 选择合适的样机模板，进入下载页面，单击"下载PSD"按钮即可下载样机。

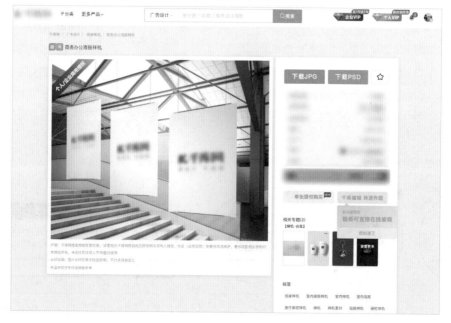

03 在Photoshop中打开样机模板和公司Logo文件。先将Logo制作成透底图，然后按快捷键Ctrl+A全选，再按快捷键Ctrl+C复制对象。

» 制作透底图的方法与前文相同。

04 双击样机缩览图，打开替换图层，然后按快捷键Ctrl+V将需要的Logo粘贴到替换图层上，使其遮盖原有Logo。

» 注意调整Logo的位置。

05 按快捷键Ctrl+E合并图层，然后按快捷键Ctrl+S保存文件。此时编辑后的Logo已为透视效果。

» 在样机效果图中可以看到保存后的新Logo效果。

06 优化调整透视效果，继续制作其他部分。完成后存储图稿（建议存储为JPEG格式）以备使用。

» 制作相关效果图时，务必保持风格的一致性，这样才能以统一的面貌宣传公司形象。

制作完成后的效果

头像加边框

为社交账号的头像加边框，在社交媒体上塑造不一样的形象。

概念解析

利用Photoshop为社交账号的头像加边框，比使用手机APP进行头像美化操作有更多细节优化的可能性，可以更好地协调头像与边框之间的呼应关系。

搜索合适的边框素材与头像进行合成，可以起到优化社交形象的作用。

方法

◎ 根据个人喜好，搜索头像边框素材。

◎ 利用Photoshop将边框与个人头像进行合成。

◎ 预览合成效果，满意即可应用。

要点

◎ 头像加边框要结合头像美化进行处理，达到1+1>2的效果。

◎ 将与自己气质相符的边框和头像合成后，会起到画龙点睛的作用。因此，选择边框时，其风格比样式更重要。

◎ 一般情况下，社交账号的头像不宜经常更换，因此可以通过更换头像边框的方式表达自己的心情和状态，让自己在社交媒体的形象更有活力。

头像加边框的应用场景如下。

社媒账号

娱乐媒体

聊天头像

应用技巧

头像的边框是为衬托头像而设置的，以优化头像为原则，与头像合成后要检查效果。

一些头像边框素材会被设计成异形，合成时难免会出现遮挡头像重要位置的情况，需要留意并避免。

01 在素材网站选择一款合适的边框素材进行下载。在Photoshop中打开头像和边框素材，选中两个图层后按快捷键Ctrl+E合并，然后按快捷键Ctrl+S保存文件。

» 注意将下载的边框素材所在图层置于头像所在图层的上方，并且要将画布中的边框与头像调整到合适的位置才能进行合成。

02 在头像所在图层上方新建一个空白图层，调整前景色为白色（R:255,G:255,B:255）、背景色为肉粉色（R:232,G:196,B:176）。选择"渐变工具"█，在属性栏中设置"填充"为"前景色到透明渐变"、渐变方向为"径向渐变"，之后在头像区域拖曳以形成白色光晕。修改空白图层的混合模式为"叠加"，并适当调整"不透明度"，完成头像美化。

» 可以多下载几个边框进行合成，以查看效果，选择更为满意的搭配。

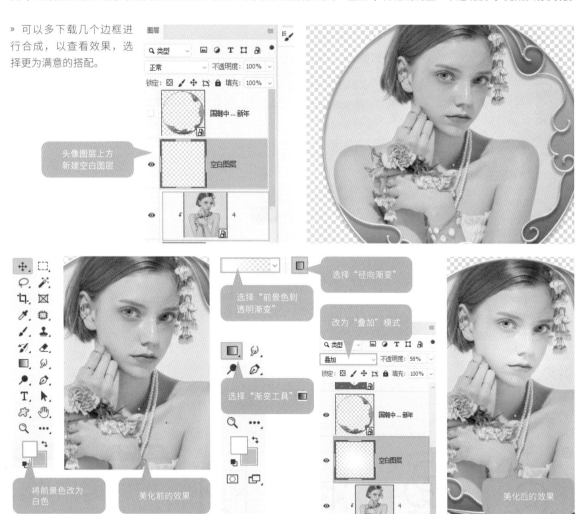

几款实用的思维导图软件

　　了解思维导图的形式和规律，利用Photoshop制作思维导图来展示想法与创意，会让设计思路更清晰，设计过程更高效。

概念解析

　　思维导图又叫心智导图，是表达发散性思维的有效图形思维工具。它简单却有效，是一种实用性的思维工具，需要配合使用相应的软件进行制作。

　　思维导图多运用图文并重的技巧，把各级主题的关系用相互隶属与相关的层级图表现出来，将主题关键词与图像、颜色等建立记忆链接。

方法

◎ 分析各类思维导图软件中思维导图的结构逻辑，为在Photoshop中创作提供架构灵感。

◎ 学习各类思维导图软件的配色方案，了解配色元素与各级内容之间的关系，厘清配色脉络。

◎ 参考各类思维导图软件中思维导图的视觉效果，预判各类效果是否符合预期。

要点

◎ 思维导图的创作核心是逻辑结构的呈现，利用Photoshop可以优化呈现效果，但逻辑结构的呈现要更多地借鉴思维导图软件生成的结果。

◎ 设计者可以先通过思维导图软件构建自己需要的内容结构，再通过Photoshop进行个性化设计，这是一种常用的提高效率的方法。

　　思维导图软件的应用场景如下。

❶

结构逻辑

❷

配色方案

❸

效果预判

应用技巧

　　不要完全依赖于一款思维导图软件生成思维导图，可以将同样的内容通过不同的思维导图软件生成思维导图，对比表现形式后再进行优选。

　　如果在思维导图软件中生成的思维导图达不到预期效果，可以使用Photoshop进行优化加工。

> ▶ XMind集极简设计、流畅体验于一身，美观又不失专业，轻感又不失强大，对新用户友好，同时也能满足高阶用户的使用需求。

用户可以根据个人喜好调整主题的样式，设置字体、线条和颜色，保存完成后就可以重复使用了。

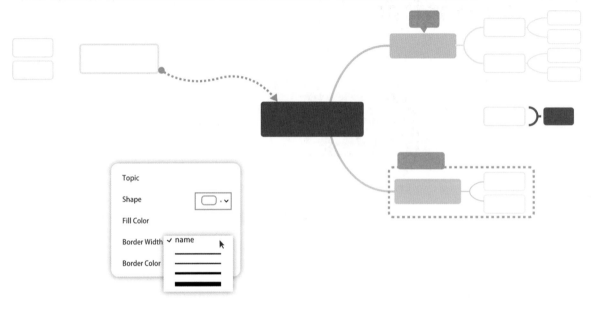

用户可以只用一张思维导图来管理计算机中的文件。当需要搜索某个文件时，单击思维导图中的主题，便能查找到文件所在的位置。

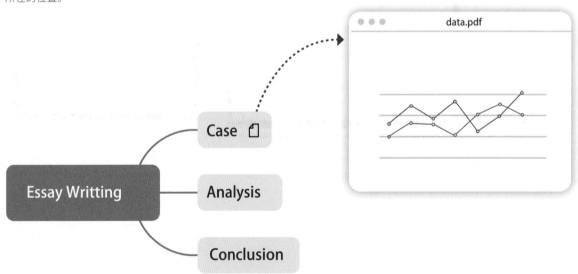

▶ **知犀内置100+精美模板，可以帮助用户快速绘制结构清晰的思维导图，助力知识积累。**

知犀软件操作简单，支持编辑文本、插入图片、修改颜色、导出高清图片、查看PDF文档和大纲，以及加密分享链接。

▶ **Mindmanager可与office办公软件实现数据互通，能很好地用于管理项目进度，使用户能实时与同事进行项目沟通。**

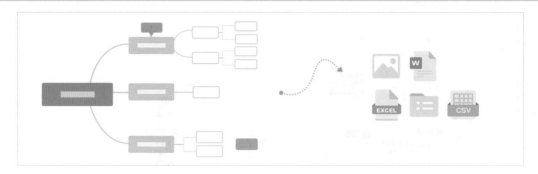

它可以将用户的思维导图通过Email方式发送给朋友或同事，也可以将其转换为HTML文件格式并上传到Web站点上。

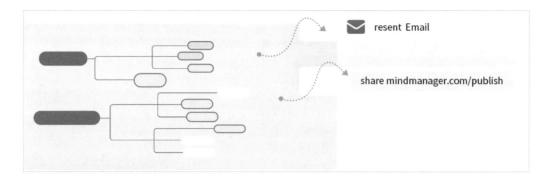

知识拓展：思维导图形成落地七要素

思维导图从策划到形成，要注意以下7个问题。

（1）从一个页面的中心开始画图，形成思维的逻辑起点，周围留出足够的空白。这样可以使你的思维向各个方向自由发散，能更自由、更自然地表达思想。

（2）在页面的中心用一幅图表达中心思想。一幅图可抵很多词汇，不仅能刺激创新性思维，而且能强化记忆。

（3）尽可能多地使用各种配色。颜色和图像一样能让大脑兴奋，能够为思维导图增添跳跃感和生命力，为创造性思维增添巨大的能量。

（4）将中心图和主要分支连接起来，然后把主要分支和二级分支连接起来，以此类推。

（5）让思维导图的分支自然弯曲，不要画成一条直线。

（6）在每条线上使用一个关键字或词。所谓关键字或词，是表达核心意思的字或词，应该具体、有意义，这样才有助于发散思维。

（7）尽可能使用图形，图形能让思想更具象。

更多素材网站介绍及应用思路分享

一件优秀的设计作品从构思到定稿输出，有一定的模式化方法可循。总结设计方法并加以利用，有助于提升设计能力。

概念解析

所谓"巧妇难为无米之炊"，设计师要想做好设计，首先就要有找好素材的能力。应用好设计类素材网站，是做好专业设计的重要一步。

在素材网站搜索关键词，可以找到高质量的图片素材，更能激发设计师的创造力。

方法

◎ 找准项目定位，并根据定位搜索相应的素材网站。

◎ 通过搜索素材找到符合设计需求的元素，并将其巧妙利用。

要点

◎ 设计师要对设计需求有较高的关键词梳理能力，这样才能在网站快速、准确地搜索到合适的素材。

◎ 项目需求在设计呈现环节上因人而异。因此，下载素材后，还要将其与多种表现形式相结合，以便确定最终设计版本。

设计类素材网站的应用场景如下。

① 页面优化

② 图标设计

③ 海报设计

应用技巧

为方便使用，素材网站上有多种格式可供下载时选择。要选择合适的格式和尺寸，以提高工作效率。

可在不同的素材网站上搜索关键词，并综合筛选出更为满意的素材。

▶ 千图网、我图网、昵图网、千库网等是专为设计师提供各种素材的较大的综合性素材网站，相关素材内容更新及时，搜索和下载便捷。

▶ 创客贴、图怪兽、懒设计、图小白等是专为设计师提供各种设计模板的综合网站。视觉设计不仅需要好的素材，还要注意素材的排列组合关系，因此需要针对不同应用场景选用适合、专业的模板。

▶ 美图秀秀是一款影像处理软件，全球用户累计超10亿，在影像类应用排行中保持领先优势。

▶ 天天P图是腾讯出品的全能实用美图类APP，包括美容美妆、疯狂变妆、魔法抠图、装饰美化等7个模块。基于人脸检测技术和五官定位、图像处理技术，推出了星光镜、光斑虚化、智能景深等多项创新性功能。

| 明亮 | 绚丽 | 清新 | 光晕 | 日晕 |

美萌、恶搞，百款变妆等你来玩

▶ 剪映是一款手机视频编辑工具，带有全面的剪辑功能，支持变速，有多种滤镜、美颜效果和丰富的曲库资源。剪映支持在移动端、PC端使用。

▶ 爱剪辑以更适合国内用户的使用习惯与功能需求为出发点，让用户轻松掌握剪辑技能，它拥有强大的特效素材库供用户选择。

▶ 快剪辑是一款功能齐全、操作简捷、可以在线边看边剪的PC端视频剪辑软件。它的推出大大降低了短视频制作门槛，帮助用户提高制作视频的效率。

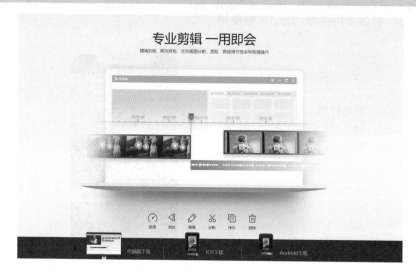

▶ 觅元素是设计元素下载网站，素材时尚且实用。

▶ 花瓣被喻为创意灵感的天堂，设计师可通过此网站保存素材、分享素材、搜索素材、发现设计灵感。

▶ 素材CNN是一个实用的素材共享平台。

▶ **摄图网是一个正版高清图片下载平台。**

▶ **素材公社是一个专业设计素材下载网站。**

▶ **包图网是一个专注原创商用设计图片下载的网站。**

▶ **汇图网是国内用户较多的正版商业图库。**

超实用的 Photoshop 快捷键大全

可关注微信公众号"吴刚大讲堂",回复"快捷键"获取Photoshop快捷键大全电子版(超详细)。

一、文件
新建Ctrl+N
打开Ctrl+O
打开为Alt+Shift+Ctrl+O
关闭Ctrl+W
保存Ctrl+S
另存为Ctrl+Shift+S
另存为网页格式Ctrl+Alt+S
打印设置Ctrl+Alt+P
页面设置Ctrl+Shift+P
打印Ctrl+P
退出Ctrl+Q

二、编辑
撤销Ctrl+Z
向前一步Ctrl+Shift+Z
向后一步Ctrl+Alt+Z
退取Ctrl+Shift+F
剪切Ctrl+X
复制Ctrl+C
合并复制Ctrl+Shift+C
粘贴Ctrl+V
原位粘贴Ctrl+Shift+V
自由变换Ctrl+T
再次变换Ctrl+Shift+T
色彩设置Ctrl+Shift+K

三、图像
调整→色阶Ctrl+L
调整→自动色阶Ctrl+Shift+L
调整→自动对比度Ctrl+Shift+Alt+L
调整→曲线Ctrl+M
调整→色彩平衡Ctrl+B
调整→色相/饱和度Ctrl+U
调整→去色Ctrl+Shift+U
调整→反向Ctrl+I
提取Ctrl+Alt+X
液化Ctrl+Shift+X

四、图层
新建图层Ctrl+Shift+N
新建通过复制的图层Ctrl+J
与前一图层编组Ctrl+G
取消编组Ctrl+Shift+G
合并图层Ctrl+E
合并可见图层Ctrl+Shift+E

五、选择
全选Ctrl+A
取消选择Ctrl+D
全部选择Ctrl+Shift+D
反选Ctrl+Shift+I
羽化Ctrl+Alt+D

六、滤镜
上次滤镜操作Ctrl+F
自适应广角Shift+Ctrl+Alt+A

八、窗口
关闭全部Ctrl+Shift+W
多选项卡间切换Ctrl+Tab

七、视图
校验颜色Ctrl+Y
色域警告Ctrl+Shift+Y
放大Ctrl++
缩小Ctrl+-
满画布显示Ctrl+0
实际像素Ctrl+Alt+0
显示附加Ctrl+H
显示网格Ctrl+Alt+'
显示标尺Ctrl+R
启用对齐Ctrl+;
锁定参考线Ctrl+Alt+;

九、工具快捷键
矩形框选工具M
魔棒工具W
吸管工具I
移动工具V

＊ Mac上将Ctrl键替换为CMD键即可。

在Photoshop中,各命令后方标有快捷键

任务发布

你真棒!一本书学完啦!

最后,请完成相关练习。

1. 用给定的图片素材或自己搜索图片素材,将其颜色存储成"颜色表",并载入 Photoshop。

2. 为自己的社交账号设计一款 Logo,并灵活运用 Photoshop 中的颜色表为其配色!